心理学入门

简单有趣的98个心理学常识

相文娣 —— 著

中国纺织出版社有限公司

内 容 提 要

心理学是一门很有趣的学科，同时也是一门很有用的学科。我们的所思所想、所言所行，都与心理学有着密不可分的联系。本书结合经典的心理学实验，以轻松的文风、有趣的故事，阐述了生活中常见的心理现象，并揭示了其背后的心理机制和心理学规律，让读者切身感受到心理学不仅是一门真正的科学，更是一个强大有力的工具。学会运用心理学知识，可以帮助我们提高自我认知、洞悉人性、减少偏见，从全新的视角去看待司空见惯的现象，用理性的思维处理问题、作出决策，建立融洽和谐的人际关系，灵活地应对生活中的各种情境。

图书在版编目（CIP）数据

心理学入门：简单有趣的98个心理学常识 / 相文娣著. -- 北京：中国纺织出版社有限公司, 2024.9.
ISBN 978-7-5229-1929-4

Ⅰ.B84-49

中国国家版本馆CIP数据核字第20246PE897号

责任编辑：郝珊珊　　责任校对：高 涵　　责任印制：储志伟

中国纺织出版社有限公司出版发行
地址：北京市朝阳区百子湾东里A407号楼　邮政编码：100124
销售电话：010—67004422　传真：010—87155801
http://www.c-textilep.com
中国纺织出版社天猫旗舰店
官方微博http://weibo.com/2119887771
鸿博睿特（天津）印刷科技有限公司印刷　各地新华书店经销
2024年9月第1版第1次印刷
开本：710×1000　1/16　印张：14
字数：208千字　定价：59.80元

凡购本书，如有缺页、倒页、脱页，由本社图书营销中心调换

序 言
PREFACE

> 很多现象我们司空见惯，却难以说出背后的原因。

——为什么小孩都喜欢玩过家家的游戏？

成年人眼里的幼稚游戏，是孩子理解世界的方式，是实现自我社会化的过程。

——为什么绝大多数异地恋都走不下去？

接近性是人际吸引的重要因素，两个人离得越远，感情越容易淡漠；离得越近，越容易感到亲近。在恋爱关系里，距离是最大的"情敌"。

——为什么人们总是一边喊着"躺平"，一边忍不住内卷？

人们需要借助社会比较维持稳定和准确的自我评价，维护自尊与自我价值。

> 很多问题我们自诩清醒，却不知道自己掉进了思维陷阱。

——高智商的学霸，将来一定会有更好的人生？

人生过得好，靠的不是智商，而是理性的思维。

——合影里的我太难看了，别人肯定会笑话我。

每个人都把自己当成焦点，高估别人对自己的关注程度。

> 很多时刻我们身不由己，会做出违背真实想法的行为。

——不喜欢社交活动，却还是在人群中强颜欢笑。

人有结群的本能，不愿遭到排挤，但合群是寻找适合自己的鞋，不是忍痛削足适履。

——不认同多数人的看法,却没有表现出异议。

在群体中和多数人的意见产生分歧时,会让人感受到难以抗拒的群体压力。

……

心理学是一门有趣的学科,也是一门离生活很近的学科。只不过,这门年轻的科学才刚刚开始揭示行为某些方面的事实,而这些事实在此之前未曾被研究过,甚至会与一些世俗智慧相冲突。心理学可以帮助我们纠正认知偏差,跳出思维陷阱,以客观的视角来解读生活中的现象,不被"想当然"所欺骗。掌握并遵循相应的心理学规律,我们就可以实现理性思考和决策,掌控自己的行为与人生。

本书在撰写的过程中,参考了国内外心理学领域的大量研究成果和相关著述。在此,向那些为心理学做出贡献的学者们致以诚挚的敬意!鉴于时间、精力和个人学术能力有限,书中若有引用或阐释不当之处,恳请各位读者朋友不吝指教。

CONTENTS 目录

01 CHAPTER 1 ──────────── 001
什么是真正意义上的人?

- 01 人可以脱离社会独自存活吗? 002
- 02 储藏室里长大的女孩,为何不会自己进食? 005
- 03 一个自然人是怎样变成社会人的? 007
- 04 成年是不是意味着社会化结束了? 009
- 05 如何知道自己是什么样的人? 011
- 06 陪孩子一起玩"过家家"有什么意义? 013
- 07 我们能不能只扮演一种社会角色? 015
- 08 为什么人与人之间总是忍不住比较? 017

02 CHAPTER 2 ──────────── 021
聪明人会不会做蠢事?

- 09 高智商的学霸,将来一定有作为吗? 022
- 10 顶尖的数学家,为何会作出一堆蠢决策? 024
- 11 为什么我们很容易陷入非理性之中? 027
- 12 乘坐飞机的死亡率,真的比汽车高吗? 030
- 13 符合理工男的形象,就一定是理工男? 031

14　预计两天能做完的事，为何一周也没做完？　033
15　为什么做人要乐观，但又不能太乐观？　035
16　那些无知的人，为什么有着"迷之自信"？　037
17　错失心爱的人，这辈子就不会幸福了？　040
18　童年阴影可能是被植入的虚假记忆？　042
19　合影里的我太丑了，别人一定会笑我？　045
20　算命先生说的话，怎么会那么准呢？　047
21　为什么好事不出门，坏事传千里？　049
22　捡到的100元可以弥补丢了的100元吗？　051
23　为什么总觉得自己选的彩票中奖率更高？　053

03　CHAPTER 3 ———— 055
承认自己错了有那么难吗？

24　为什么人们犯错时总爱找借口？　056
25　得不到一样东西，索性就说自己不想要？　058
26　如果换作别人，肯定也会这么做的！　060
27　我这么聪明的人，怎么可能会被套牢？　062
28　成功是因为足够努力，失败是因为运气不佳？　064
29　害怕失败可以理解，害怕成功是怎么回事？　066
30　不识字的老头，为何会成为白宫顾问？　069
31　破除陈旧腐朽的观念到底有多难？　072
32　有选择就有放弃，决策后认知失调怎么办？　074
33　面对不可挽回的事情，人们会怎样想？　076
34　学生对考试作弊这件事是什么态度？　077
35　明明就是很无聊，为何非要说有趣？　079
36　要不是他们逼我，我也不会这么做！　081

04 CHAPTER 4 ——————————— 083
喜欢一个人真的不需要理由?

37 为什么爱挑刺儿的人招人讨厌? 084
38 如何在茫茫人海中找到另一半? 086
39 人与人之间,真的会日久生情? 087
40 异地恋的情侣,为什么很难走下去? 089
41 酒逢知己千杯少,话不投机半句多? 091
42 美女爱上的野兽,最后为何要变成王子? 094
43 一个人越完美,越招人喜欢吗? 096
44 男性和女性相比,谁更以貌取人? 099
45 长得好看,可以当饭吃吗? 101
46 漂亮的人一定有美好的特质吗? 103
47 怎样才能让人愿意继续和你交往? 105
48 为什么我们会被某些人吸引? 107
49 你拥有的爱情是完满的爱情吗? 109
50 找到了所爱之人,就会感到踏实吗? 112
51 是什么让彼此的关系越来越亲近? 115
52 有更多的选择,是不是一件好事? 117
53 为什么关系再好也得适当保持距离? 119
54 "搭子"是亲密关系的平替吗? 120
55 为什么你夸奖了别人,别人却不高兴? 122

05 CHAPTER 5 ——————————— 125
每个人都生活在偏见之中吗?

56 待人有偏见是缺少教养的表现吗? 126

57　为什么要区分"我们"和"他们"？　128

58　当一个人被社会排斥时会发生什么？　130

59　乔治·弗洛伊德之死为何会惊动天下？　133

60　歧视和偏见是同一回事吗？　135

61　怎样判断对一个人是误解还是偏见？　137

62　为什么亚裔妇女容易被黑人小伙抢劫？　139

63　女生擅长文科，男生擅长理科？　141

64　给自己和他人贴标签会发生什么？　143

65　明知道心理出了问题，为何不去就医？　146

66　为什么人们从来不觉得自己有偏见？　148

67　欧洲评论家们贬损美国的原因何在？　150

68　为什么生活中会出现受害者有罪论？　151

69　不是你的错，为什么要你来背锅？　154

70　怎样才能消解人与人之间的偏见？　156

06　CHAPTER 6 ──────── 159
为什么厉害的人往往不合群？

71　为什么人们总怕和别人不一样？　160

72　没有他人的逼迫，为何也会从众？　162

73　喜剧电影里的背景笑声有什么用？　164

74　让你伤害无辜的人，你会服从吗？　166

75　为什么医生给出的警告更有威慑力？　168

76　人们为何会执行一个不道德的指令？　170

77　是什么导致了三个和尚没水喝？　172

78　出现一个不同意见者会发生什么？　174

79　如果自己不太合群，要不要改呢？　176

CHAPTER 7 —————————— 179
人性是冷漠的还是善良的?

80 面对意外事件,人们为何如此冷漠? 180

81 匆忙赶路时,你会停下来帮助他人吗? 182

82 把钱花在别人身上是一种损失吗? 184

83 陷入痛苦中的人,还有心思助人吗? 185

84 得不到对等的回报,人们还会付出吗? 187

85 泰坦尼克号的生还者中,为何女性比男性多? 189

86 怎样才能唤起人们的利他动机? 190

87 如何创造一个充满爱与善的世界? 192

CHAPTER 8 —————————— 195
为何有些人受挫后会伤人?

88 只有人身伤害才算是攻击吗? 196

89 世界上有没有"天生的坏种"? 198

90 为什么排队加塞的人会引起众怒? 200

91 所有受挫的人都会报复性攻击吗? 202

92 凭什么给我吃黄瓜,给别的猴子吃葡萄? 203

93 飞机没有头等舱,人们会更快乐吗? 204

94 为什么农村大学生更容易出现心理问题? 206

95 拥挤嘈杂的地方,为何容易发生口角? 207

96 暴力游戏最毁人的地方是什么? 209

97 生气的时候,拼命打沙袋有用吗? 211

98 面对爱打人的孩子,父母该怎么做? 213

CHAPTER 1
什么是真正意义上的人?

——人是社会性动物,离开社会就无法成为人。

01 | 人可以脱离社会独自存活吗？

离群索居者，不是野兽便是神灵

为了生活奔走在城市之中的我们，每天映入眼帘的是车水马龙，涌入耳朵的是喧嚣嘈杂，被鸡零狗碎的琐事折磨得焦头烂额，还要应对复杂的人际关系。这一切，不仅让人深感疲惫，甚至还让我们在某一刻产生了逃离尘世的想法。

趋乐避苦是人的本能，有这样的想法无可厚非。偶尔出逃一次，远离城市与人群，回归到大自然中，也是必不可少的放松与调剂方式。多数情况下，碍于时间压力或其他条件的限制，我们都是短暂地脱离喧嚣，在意犹未尽之时就得重回生活的轨道。

为此，不少人发出感慨，要是可以一直这样该多好。内心不由得想起了陶渊明笔下的"桃花源"，渴望与世隔绝，享受怡然自得的田园生活。桃花源是一种理想，可如果这个理想有机会变成现实，请你相信，它很快就会成为一场噩梦。

从本质上讲，人是一种社会性动物；那些生来离群索居的个体，要么不值得我们关注，要么不是人类。社会从本质上看是先于个体而存在的。那些不能过公共生活，或者可以自给自足不需要过公共生活，因而不参与社会的，要么是兽类，要么是上帝。[1]

---

[1] 引自古希腊哲学家亚里士多德的著作《政治学》，该书是公元前325年亚里士多德根据他与学生对希腊158个城邦政治法律制度的调查结果著成，是西方政治学研究的开山之作。

说到这里,可能有朋友会想到梭罗,就是那个追求物质极简、精神丰盈,独自生活并写出令人沉醉的《瓦尔登湖》的亨利·戴维·梭罗,把他视为一个"离群索居"的范例。

没错,梭罗远离了喧嚣,独自过着简单的生活;但他没有脱离现实,更未脱离社会。梭罗居住的地方不是深山老林,他亲手搭建的小木屋离市区非常近,丝毫不影响他的社交。据说,他那间十几平方米的小屋里,还举办过一场二十几人的聚会。即便是在寒冷的冬天,也有拜访者到梭罗的小屋做客,诗人钱宁也到访过那里,与梭罗谈笑风生。

不少人以为,梭罗借用《瓦尔登湖》倡导人们去过远离人群、半隐居式的、物质极简的生活,其实这是一个天大的误解。梭罗不是要让别人效仿这种生活方式,而是想通过这场生活实验,引导人们去发现和追求属于自己的生活方式。

梭罗不是离群索居者,任何人都不可能离群索居地生活。道理很简单,我们无法脱离他人为自己制造或提供的必要生存物质,且离群索居会对人的身心造成伤害。

生理学家亚历山大·斯塔恩曾开展过一项研究:8位科学家、研究人员和1名厨师在德国诺伊迈尔Ⅲ科考站生活和工作了14个月。斯塔恩很想知道,在社会隔离和单调的环境中生活,会对大脑产生什么样的影响。

斯塔恩和同事们利用磁共振成像技术,捕捉团队成员在极地停留前和返回后的大脑成像,结果显示:和没有在科考站待过的年龄、性别相匹配的人相比,团队成员大脑中的海马体体积平均缩小了7%。[1]

世外不是桃花源,是身心受损的元凶。快节奏的生活、频繁被打扰的环境,

---

[1] 华云网,《研究发现,科学家在南极洲待很长时间,海马体区域平均缩小7%》,中国科技新闻网,2019年12月8日。

着实令人疲惫，但与其幻想着逃离现实，不如少看一会儿手机、放弃无效的社交，多给自己一点独处的时间和思考的空间，用高质量的独处滋养身心、充实头脑，为自己补充情感精力。

02 | 储藏室里长大的女孩，为何不会自己进食？

没有社会属性的人，不能算作真正的人

1938年2月6日，《纽约时报》刊登了一篇特别的报道，讲述了生活在美国宾夕法尼亚州一座农舍里的5岁女童安娜的故事。

安娜是一个私生子，她的母亲畏惧社会压力，害怕周围人知道安娜的存在，就把她关在了二楼的一个储藏室里。当安娜被发现时，她靠在煤桶上，用双手抱着头，不会走路，不会说话，没有任何情感表达；身上瘦得皮包骨，严重营养不良，却不会自己进食。

在现实生活中，安娜这样的情况虽然很少见，但并不是唯一的。

1920年，人们在印度加尔各答的丛林里发现了两个被狼哺育的女孩，大女孩8岁，小女孩1岁半。当两个女孩被带回孤儿院时，人们发现这并不是两个普通的"孩子"。

她们不会用双脚站立，像狼一样靠四肢爬行；白天经常睡觉，夜晚比较兴奋，每天深夜都会发出非人非兽的叫声；很害怕见光，在日光下会把眼睛眯成缝；不穿衣服、不肯洗澡、不懂语言，也不会用手拿东西；进食时狼吞虎咽，喝水用舌头舔；经常蜷伏在一起，不愿靠近人，一旦有人接近，就会发出"呜呜"的恐吓声。

进入孤儿院后，大女孩用了1年零4个月学会用膝盖走路，2年零8个月学会双脚站立，5年才学会走路，可一旦跑起来还是会退回到四肢爬行的状态。在语言方面，她用了2年多的时间才学会说第一个词语"ma"，7年只学会了45个字，勉强能说出用三个字组成的句子。大女孩在17岁时离世，智力相当于三四岁的孩子，始终没有真正地学会说话。

小女孩在进入孤儿院2个月后，能在口渴时说出孟加拉语的"水"，且对其他孩子的活动表现出兴趣。可惜，在进入孤儿院不到一年，她就去世了。

安娜和两个"狼孩"都是人类繁衍的后代，但她们能不能称为"人"呢？不能！

人必须同时拥有自然属性和社会属性，安娜和"狼孩"虽然有人的肉体特征和生物特性，但没有作为社会存在物而应有的特征，所以她们不能算作真正意义上的人。

03 | 一个自然人是怎样变成社会人的?

只有经过社会化，才能具备人的意识和思维

人在刚出生时没有任何的社会本能，所有的生存技能和科学知识都是在社会生活过程中通过学习积累起来的。亲自抚育孩子的父母应当深有体会，婴儿最初只会吮吸和吞咽奶水，咀嚼食物的技能是在增加辅食之后才慢慢学会的；到了一岁左右，开始练习走路，并且咿呀学语，逐渐会用语言表达想法；三四岁开始上幼儿园，脱离家庭和养育者，与社会中的其他人进行互动合作……十几二十年过去，当初的婴孩长成了一个独立的、有思想的、可以适应人类社会的成年人。这是一个人的成长历程，也是心理学中所说的"社会化"。

社会化，是指由生物人（自然人）到社会人的转变过程，主要包括促进个性形成、培养自我观念、教导基本生活技能、教导社会规范和培养社会角色。

个体生命的早期，也就是婴儿至青少年时期，是整个社会化过程的基础阶段。这一阶段主要是学习和掌握作为社会成员应具备的行为规范、认知技能、交际语言，将社会文化与价值标准内化，正确理解社会对关于各种角色的期望和要求。

奥地利生态学家、诺贝尔生理学或医学奖获得者劳伦兹指出，动物（包括人类）的某些行为有一个发展的关键期，即要赶在生命的早期进行，超过这一关键

时期，后天的弥补很难奏效。这就充分解释了一个问题："狼孩"中的大女孩被带回孤儿院后，尽管人们煞费苦心地帮助她学习走路和发音，整个学习过程持续了六七年，但最终她也没能学会。

英国动物心理学家斯丁堡在1954年以雏鹅为实验对象开展了一项研究，结果发现：如果实验者在雏鹅出生4天后才出现，雏鹅会掉头就跑，完全不会与之产生亲近感，因为雏鹅与活体动物亲近的关键期就在出生后的4天之内。还有心理学家发现，如果小狗出生后就与人隔离10周以上，它们就很难与人建立亲密的关系了。

社会化是人类社会运行的前提，也是人类文化不断延续和发展的条件。

每个人都必须经历社会化，在与社会的互动过程中，逐渐养成独特的人格与个性，通过社会知识内化和角色知识的学习，才能够适应社会、参与社会生活，并在社会环境中生存。一旦脱离了社会和群体，失去与他人的交互，个体就不可能成为真正意义上的人。

04 成年是不是意味着社会化结束了？

社会化贯穿人生始末，活到老学到老

人之所以为人，与人的社会化程度密切相关。

20世纪50年代，社会化的研究比较局限，主要是以儿童为研究对象，研究从"生物人"到"社会人"的转变过程。50年代以后，在美国社会学家帕森斯的推动下，广义的社会化研究开始发展。广义的社会化不仅仅指"生物人"向"社会人"的转变过程，还指内化社会规范、学习如何扮演社会角色、逐渐适应生活的过程。

从类型来说，社会化大致可以分为以下四种：

1. 初始社会化

从婴儿期到青年时期的社会化叫作初始社会化，需要学习基本的生活技能、掌握谋生手段、了解社会规范、明确生活目标、培养社会角色、传递性别信息等。

2. 继续社会化

继续社会化，也称发展社会化，是指人们在基本社会化的基础上，继续学习群体和社会文化，掌握与角色相适应的技能、知识和规范，以此适应社会和角色变化的过程。

3. 再社会化

广义的再社会化，是指生活环境突然改变，个体自愿地放弃原有的价值观念与生活方式，认同一种全新的价值观念与生活方式。

狭义的再社会化，是指对背离当时社会规范的人，通过特殊机构（如监狱、劳动教养所等）在强制的条件下进行社会化，促使个体改变过去的恶习与生活方式。

4. 反向社会化

年轻一代将知识与文化传递给前辈的过程。

社会化不仅仅是儿童时期才会遇到的问题，而是一个贯穿人生始终的长期过程。从个人角度来理解，就是从无知到有知，从知之不多到知之甚多，从不成熟走向成熟的社会生长过程。对任何一个人而言，社会化都是毕生的课题，"活到老，学到老"就是这个过程的写照。

05 | 如何知道自己是什么样的人？

人与人互相作为镜子，照出彼此的形象

你有没有思考过一些奇怪的问题，比如：我为什么是我，而不是他人？我对自己的感知和看法来自哪儿？为什么人在刚出生时没有自我的概念呢？

所有和"我"相关的问题，一直以来都备受关注，不只是普通人想要了解自我，科学家们也从未放弃过努力，试图用科学的理论来诠释人的思想、行为和心理。真正地认识自我并不是一件容易的事，因为自我不只是镜子里呈现出来的样貌和体态，那只是我们作为人类的一种自然属性；真正复杂的、令人迷惑的是社会中的自我。

现实中的玻璃镜，照出了我们的身高和体貌，让我们清晰地知道自己长什么样子；想要了解社会中的自我，即"我是一个什么样的人"，无疑也需要一面"镜子"。

美国社会学家查尔斯·霍顿·库利提出的"镜中我"理论认为，"每个人都是另一个人的一面镜子，反映着另一个过路者"，即一个人的自我观念是通过与他人的社会互动形成的。

在库利看来，"我"的概念不是独立于普通生活之外的某种东西，把"我"和社会分开是一种谬误。自我观念看起来是主观的，其实是要依赖于客观、依赖

于社会，因为人在出生时并没有自我，自我是通过与他人的相互作用形成的。❶

库利认为，自我认识的形成过程包括三个阶段：
第一阶段：想象自己在他人眼中的形象。
第二阶段：想象他人如何评价自己的形象。
第三阶段：对他人这些认识或评价的感觉。

悠悠是一名新晋的培训师，她希望能在业内做出自己的特色。

上周五，悠悠在公司内部进行了一次针对新员工的入职培训。培训结束后，悠悠得到了总裁和其他中层的赞赏与鼓励，大家对她的培训给予了高度的认可。这些积极的反馈，带给了悠悠强烈的成就感与满足感，她开始相信自己有能力成为一名出色的培训师。

度过了一个愉快的周末后，悠悠满怀信心地开启了新一周的工作。可是，刚打开电脑，就收到了一封匿名的邮件，里面全是尖锐的言辞，说她讲话毫无逻辑性，还抨击了她的个人形象。对于刚刚晋升培训师的悠悠来说，这些负面的字眼犹如一盆冷水，把她刚刚燃起的自信全都浇灭了，让她不禁对自己产生怀疑：难道我真的不适合做培训师？

如果你也有过与悠悠类似的经历，想必你不难理解她的心情和感受。很多时候，他人对我们的评价和认知，会让我们产生某种感情，并主导对自己的"认知"。这不是我们的错，因为每个人都是通过观察他人的反馈和评价来构建自己的身份与认同感的，这种社会反馈对于个体的自我形象塑造、情绪状态和行为表现有着不可忽视的影响。

---

❶ 查尔斯·霍顿·库利，《人类本性与社会秩序》，华夏出版社，2015年1月。

06 陪孩子一起玩"过家家"有什么意义?

你是在玩游戏,孩子却是在理解世界

几个小朋友凑在一起,你来扮演爸爸,我来扮演妈妈,他来扮演孩子,一起演绎日常生活中的一天;过了一会儿,家庭场景又变成了医院,我来扮演医生,你来扮演病人,你生病了,我要给你打针;接下来,商店场景又出现了,我来扮演售货员,你来扮演顾客……这个游戏你一定不陌生,甚至小时候也玩过,它还有一个很可爱的名字——过家家。颇为有趣的是,世界各地不同文化背景之下的孩子,都热衷于玩这个游戏。

在此之前,你可能一直认为,这就是孩子在童年时期的一种娱乐活动。实际上,过家家可不只是游戏那么简单,它有着重要的社会学和心理学意义。

1935年,美国社会学家乔治·赫伯特·米德第一次把"角色"一词引入社会学领域,并提出角色扮演理论,即个体通过扮演他人的角色,来获得运用和解释有意义的姿态的能力,从而了解社会上的各种行为习惯和规范,最终实现自我的社会化。

角色扮演需要一种可以洞悉他人态度与行为意向的能力,包括理解常规姿态的能力、运用这一姿态扮演他人角色的能力,以及想象演习各种行动方案的能力。这种能力不是与生俱来的,是在社会互动的经验之中逐渐产生和发展的。

哈佛大学教育学院教授保罗·哈里斯在《想象的世界：理解儿童的想象，深入儿童的内心》一书中指出："假装游戏并非孩子对现实世界的参与，而是孩子理解世界的一种基本方式。"

如果孩子邀请你一起玩角色扮演的游戏，不要想当然地觉得这很幼稚、很无聊，也不要认为游戏不如识字更有意义。角色扮演对孩子而言不是无意义的活动，人的认知发展是在同化和顺应的过程中实现并巩固的。孩子通过过家家的游戏，想象着自己长大的样子，在假想的情景中学习现实生活中的人际规则。

心理学家曾经开展过一个有趣的实验：被试是一些不太懂礼貌的孩子，他们被邀请参加一个"不同寻常"的晚餐。实验员故意将就餐环境打造得安静、幽雅，让孩子们意识到自己是有教养的"客人"角色。结果，他们竟然一反常态，开始按照"有教养的客人"的角色来约束自己，都展现出了有礼貌的一面。

这个实验提示我们，如果能够赋予孩子适当的角色，当孩子对这个角色有了一定的理解时，他们就会按照这一角色的规范来要求自己，在个性心理或行为上发生一些变化。无论是家庭教育还是学校教育，都不妨有针对性地为孩子安排一定的"角色"，让他们去扮演，在活动的过程中学会某些知识或规范。

07 | 我们能不能只扮演一种社会角色？

生活不是定格的画卷，是随时变换场景的舞台

角色，原本指演员在戏剧舞台上按照剧本的规定所扮演的某一特定人物，后来社会学家们发现，现实社会与戏剧舞台之间也是存在联系的，舞台上上演的戏剧是人类现实社会的缩影。莎士比亚在《皆大欢喜》中如是写道："全世界是一个舞台，所有的男男女女不过是一些演员；他们都有下场的时候，也都有上场的时候，一个人一生中扮演着好几个角色。"

后来，美国社会学家米德和人类学家林顿将"角色"的概念正式引入社会心理学的研究领域，并使得社会角色理论成为社会心理学理论中的一个重要组成部分。

社会角色，是指与人们的某种社会地位、身份相一致的权利、义务的规范与行为模式，是人们对特定身份的人的行为期望，是构成社会群体或组织的基础。

每一个社会角色都代表着一系列有关行为的社会标准，这些标准决定了个体在社会中应有的责任和义务。任何一个人都不可能仅承担某一个社会角色，而是集多种社会角色于一身，因为生活不是一幅定格的画卷，而是随时变换场景的舞台。

在不同的生活场景中，我们需要饰演不同的社会角色，展示出不同的形象，以适应不同的情境。这些社会角色各有差异，却都属于一个整体，相互影响、相

互促进、协同增效，每一个角色对其他角色都有影响，各个角色之间不是你输我赢的对立模式，而是相互依赖的共赢模式。很多时候，一个社会角色饰演不好，也会影响到其他角色。

当一个人扮演一个角色或同时扮演几个不同的角色时，由于难以协调或胜任，造成不合时宜而发生的矛盾冲突现象，被称为角色冲突。角色冲突分为两种：角色间冲突与角色内冲突。

1. 角色间冲突

一个人所承担的不同角色之间发生的冲突，主要表现为两种情形：一是时间空间上的冲突，二是行为模式上的冲突。

2. 角色内冲突

社会或角色承担者对同一角色抱有相矛盾的角色期望所引起的冲突。

从某种意义上来说，成长就是不断适应新的社会角色，并且能够做到在多个社会角色之间灵活地转换。当一个人能够成功扮演不同社会角色时，既满足了社会的期望，也满足了个人的需求，就可以较好地维持心理平衡。

如果总是陷入角色冲突中，就会导致角色超负荷。研究证实，体验到角色超负荷的人会心率加速，胆固醇增高。美国社会学家米德将这种现象称为"角色紧张"，角色紧张对社会及个体的身心健康都会造成负面影响。

要消除角色冲突带来的不良影响，需要加强个体扮演不同社会角色的协调能力。如果某些角色冲突难以协调，就要明智地从过多的角色中解脱出来，找到合适的平衡点，根据当下的处境权衡轻重缓急，作出阶段性的取舍，实现一种动态的平衡。

08 | 为什么人与人之间总是忍不住比较？

如果一个东西无法衡量，它就不存在

小林原本计划买一栋70平米的房子，首付50万元，剩余的钱按揭支付，每月还贷3500元。从他和妻子的收入水平来看，这一购房计划不会影响他们目前的生活质量，且房子足够一家三口居住。不过，近期的一次同学聚会却让小林改变了主意。

聚会席间，他听闻几个同学都相继买了房，地理位置不错，房子面积也大，其中一个同学的经济状况还不及小林。小林忽然觉得，自己之前的计划太保守了，置业是一辈子的事，别人收入不如自己，却敢入手一所大房子，自己为什么不能呢？小林又想到，亲友到自己家里做客，挤在狭小的客厅里，似乎是有点儿"寒酸"。

就这样，小林最终买了一栋90平米的房子，月供从3500元变成了5000元。如愿买了大房子，虽然每个月多还1500元的贷款，但小林的内心平衡了，他觉得自己终于和周围人"平起平坐"了，甚至比别人还略微高了那么一点儿。

遗憾的是，小林的这份满意并没有持续太久。几个月后，他听闻了一个消息，内心的平衡瞬间被打破。原来，那个买了大房子、收入不如自己的同学，在买房之前继承了岳父的一家收益不错的门店，人家比自己多了一份"底气"。小林郁闷了，他有点儿痛恨自己的冲动和攀比心。因为从真实需求的角度来看，当初那个70平米的房子挺适合自己的，根本没必要多花费几十万元。

实际上，这已经不是小林第一次后悔，之前有许多不必要的花销，也是在虚荣心的"唆使"下花出去的，只是这次的代价太大了。尽管吃了多次苦头，可小

林仍然会明里暗里地与人比较：比收入、比房子、比工作……仿佛踏上了一条永不停歇的比较轨道，无数次想要停下来，却又被莫名的力量推着往复。

小林的经历不是生活中的少数个案，而更像是一种普遍存在的社会现象。从主观意愿上来说，很少有人会主动把自己的人生目标设定为"要比别人好"，但在现实情境中，却总是鬼使神差地落入比较的"牢笼"。

为什么人们总是忍不住与他人比较呢？

美国社会心理学家利昂·费斯廷格提出的"社会比较理论"认为：人们之所以进行社会比较，是因为需要通过和他人比较来维持稳定和准确的自我评价，以及维护自尊和自我价值；人们面临的情境越缺乏客观标准，要求社会比较的倾向就越强。

每个人都渴望了解自己的地位、能力、表现等处在一个什么样的层次上，当自身对这些方面的评判缺少一个绝对标准时，就会本能地寻找一个相对标准进行社会比较，从而对自己进行评价，恰如一位心理学家所言："如果一个东西无法衡量，它就不存在。"

社会比较可以促使我们正确地认识自己，使自己在人群中有一个相对准确的定位，知晓自身的情况相较他人而言处于什么水平。看到比自己优秀的人时，可以将其视为标杆，觉察到自身与对方之间的差距，也能激发向上成长、完善自我的动机。

不过，凡事都有两面性，社会比较也如是。华东师范大学心理与认知科学学院教授陆静怡指出：在当代社会，比较似乎成为认识自我的一面镜子，是定义优劣的"相对论"。正是这套相对论，在每个人心中激发出情绪的千层浪，许多酸甜苦辣、爱恨情仇皆因"比"而生，甚至让人陷入困境与牢笼。❶

---

❶ 陆静怡、邱天，《比较的囚徒：什么决定了我们的选择和幸福》，北京师范大学出版社，2021年12月。

很多人在进行社会比较时，看到别人追求什么、拥有什么，就迫不及待地去追赶，一门心思要超越对方，完全忽略了对自身的关注。这样的社会比较，让他们无法体验到自我成长带来的快乐，所感受到的只有竞争的焦虑，很容易陷入"内卷"的旋涡。

要避免沦为"比较的囚徒"，最终还是要回归本质思考——我是谁？我要到哪里去？只有认识到自身的真实需求，在正确的维度上进行恰当的比较，有针对性地进行提升和精进，才能让自己更优秀，活得更自洽。

CHAPTER 2
聪明人会不会做蠢事？

——人人都是认知吝啬鬼，聪明人也不例外。

09 | 高智商的学霸,将来一定有作为吗?

聪明不等于拥有更好的人生

不少家长在引导孩子认真对待学业时,往往会搬出这样一套"理论":"现在多吃点儿苦,将来就能少受苦""学习是在给自己争前途"……言外之意,学习和前途之间是有因果关系的,学习好就意味着前途光明,学习差就意味着人生会备受局限,因此那些成绩好的孩子总是得到更多的肯定,且被赋予更大的期望。

那么,高智商的学霸,将来是不是一定会有作为呢?

从逻辑学的角度来说,两者之间不存在必然的因果关系,这一命题存在逻辑谬误;从心理学的角度来说,这一命题也不成立,因为它经不起实践的考验。

1916年,心理学家刘易斯·推孟❶推出了著名的"斯坦福—比奈智力量表",这一测试最初是为了筛选出得分较低的孩子,以便评估他们是否需要接受特殊教育。后来,推孟突发奇想:为什么不研究那些得分最高、智力超常的孩子,追踪一下他们长大后是否更有作为?

于是,推孟从加利福尼亚州的各个学校挑选了1528名非常聪明的孩子,他们的

---

❶ 刘易斯·推孟(Lewis Terman,1877—1956),美国心理学家,被称为"智商之父"。他修订了比奈—西蒙智力量表,使它符合美国的文化,修订后的量表被称为斯坦福—比奈量表。他于1923当选为美国心理学会主席,1928年当选为美国国家科学院院士。

平均智商是151，其中有77人的智商在177~200。这些被选中的孩子被称作"白蚁"（试验代号），在随后的几十年里，心理学家们一直追踪着这些孩子的人生起落。

这些拥有非凡智力的孩子，到底有没有成为"天才"呢？

确实，"白蚁"中的一些人获得了财富与名望，有两人还成了斯坦福大学的杰出教授，他们分别是罗伯特·西尔斯和李·克隆巴赫，但名气远不及弗洛伊德、巴甫洛夫和皮亚杰，这三位是心理学史上公认的天才。相比之下，更多的"白蚁"都过着平凡的人生，他们在任何领域都没有取得卓越的成就，有许多人都从事着普通的工作，如船员、打字员等。

这次追踪研究的结果显示，智力与成就之间远远没有达到完全相关，智商高与有作为之间不存在必然的联系。不仅如此，聪明也并没有给这些人带来更多的幸福，在"白蚁"群体中，离婚、酗酒和自杀的比率和全国平均水平相同。

颇有深意的是，当初选拔"白蚁"的样本时，一些孩子的智商得分没有达到推孟设立的分数线，但其中有两人取得了比"白蚁"们更高的成就：

第一位是威廉·肖克利，他在加州理工学院拿到学士学位，在麻省理工学院拿到博士学位，后加入贝尔实验室，在固体物理学领域发表了大量论文，一生获得五十多项专利。他与约翰·巴丁、沃尔特·布拉顿共同发明了晶体管，并于1956年获得了诺贝尔物理学奖。

第二位是路易斯·沃尔特·阿尔瓦雷斯，他在25岁时获得了芝加哥大学的博士学位，并在物理学领域做出了重要贡献，因改进了用于研究基本粒子的液氢气泡室，于1968年获得了诺贝尔物理学奖。[1]

我们真的要感谢推孟及后续追踪研究"白蚁"的心理学家们，他们用科学的方式打破了人们对"高智商"的迷思，让我们认识到一个事实：聪明不等于更好的人生，即使没有出类拔萃的高智商，也有创造出非凡成就的可能。

---

[1] 节选自迪恩·基思·西蒙顿（Dean Keith Simonton）2018年出版的著作《天才清单》（*The Genius Checklist*）

10 顶尖的数学家,为何会作出一堆蠢决策?

智商和理性,从来都不是一回事

智力测验无法衡量每一个重要的智力指标,但在现实生活中,不少人仍然习惯把智力测验当成万能的,认为智力包含了所有的认知能力。庆幸的是,"白蚁"实验颠覆了人们的一贯认知,高智商不能转化成一种长期的福祉,让个体持续受益。

真相还不止于此,许多看起来很聪明的高智商者,在处理现实问题时并没有表现得多么高明;相反,他们也会作出一连串愚蠢的决策,产生非常不理智的行为。

约翰·艾伦·保罗斯是天普大学的数学教授,还撰写过不少畅销书,依照现有的智力测验结果来看,他无疑是一个高智商的聪明人。可是,这个世人眼里的聪明人,却接连做了不少令人大跌眼镜的蠢决策。

2000年初,保罗斯教授以每股47美元的价格买入美国世界通信公司的股票。姑且不论这一决策的对错好坏,只看当这只股票在该年末跌到每股30美元时,他仍然还在买入,这一行为显然是不理智的。2000年10月,该股票跌至每股20美元,越来越多的迹象显示,此时应当卖出,而不是买入。然而,这位天才数学家仍然在买入,且用的还是借来的保证金。

2001年末,保罗斯教授开始焦躁了,他无法忍受超过1小时不去查看股价。2002年4月,他仍然坚信应在股票走低时继续买入,这样一旦回涨就可以挽回之前的部分损失。所以，当股价跌到了5美元时，他还在继续购买。4月19日，股票上涨到7美元，他决定卖出。不巧的是，那天刚好是周五，他上完课回到家时，已经休市了。到了下周一，股价又跌了，他终于决定结束这场磨难，卖出了所有股票。

之后，世通被披露做假账，最终以9美分的股价破产，保罗斯在这场股票投资中损失巨大。2005年，保罗斯在自己的著作《数学家妙谈股市》中坦言，他的购买行为并非都是理性的，他对自己违背了所有健康投资策略的心理状态进行了反思，并说"即使到了现在，一想到股票我就会发疯"。❶

在股票投资这件事上，超常的智力水平和超强的数学认知能力似乎都没能阻止保罗斯教授不断地作出愚蠢的决策，他生动地向我们展示了一个事实：聪明人也会做蠢事。

对于这样的现象，人们往往会感到不解：为什么如此聪明的一个人，会犯这种低级错误呢？这种迷惑和诧异，就像是看到一个受过高等教育的人生病之后不去医院看病，偏要相信鬼神之说；一个优秀的大学教师竟然不能识破传销骗局，还劝说身边的人加入。

看到聪明人做蠢事，为什么我们会感到惊诧呢？

加拿大多伦多大学应用心理与人类发展系教授斯坦诺维奇指出，既然"聪明人"会做"傻事"，就意味着认知科学对"聪明"的界定出了问题。一直以来，人们因种种缘由，过于看重智力测验所测量的那些能力，而轻视了其他重要的认知机能，尤其是理性思考的能力。

所谓理性思考，是指树立恰当的目标，基于目标和信念采取恰当的行动，以及持有与可得证据相符的信念。智力测验所反映的是，在面对使人分心的事物时，一个人专注于当前目标的能力，但它并没有反映出人们是否具有制订理性目

---

❶ 基思·斯坦诺维奇，《超越智商：为什么聪明人也会做蠢事》，机械工业出版社，2015年9月。

标的能力。❶

智力和理性不是一回事，拥有高智力不等于拥有理性思考和行动的能力。不少高智商的聪明人，其理性思考能力相当弱。斯坦诺维奇将"个体在智力水平正常的情况下，无法理性地思考与行动"的现象，称为"理性障碍"。

想要拥有更好的人生，仅仅依靠智力是不行的，还要拥有理性思考的能力，我们也可以将其理解为生活的智慧。这也意味着，即使一个人智力平平，也不妨碍他成为一个有智慧的人，因为理性思维是可以培养和训练的。

---

❶ 基思·斯坦诺维奇，《超越智商：为什么聪明人也会做蠢事》，机械工业出版社，2015年9月。

11 | 为什么我们很容易陷入非理性之中?

人类的大脑是懒惰的,能偷懒时必偷懒

没有人愿意与愚蠢沾边,但有一个事实我们不得不正视:每个人都有愚蠢的时候。过去人们一向认为,天才和蠢材的差异在于智力,可现在我们已经知道,人类之所以会做出愚蠢的行为,是因为理性思考的能力较弱。

愚蠢的创造力,可谓是无边的。看看下面的这些情形,我们不禁会瞠目结舌,无论是多么离谱和违反常识的事情,竟然都有人做得出来。

一个名叫西尔维斯特·布里德尔的年轻人,朋友跟他打赌说,他肯定不敢拿着上满4发子弹的左轮手枪对着自己的嘴,并扣动扳机。这不就是自杀吗?还有必要打赌吗?可是,这位"勇敢"的年轻人,居然真的这么做了!

马克在一条公路上目睹了一场车祸,那可不是一般的车祸。一对年轻的夫妻吵架,因为一时气愤,竟然把不足1岁的孩子扔到了窗外。等到他们醒过神来,想要回去捡孩子的时候,扔出去的孩子已经被后面疾驰而过的车碾压了,完全没了生命迹象。

47岁的保罗·斯蒂勒,凌晨2点跟妻子开车闲逛,两个人都觉得很无聊,就想找点乐子。结果,保罗居然点燃了一包炸药,想看看扔到车窗外会怎么样。很遗憾,他们因为兴奋至极而忘记打开车窗了。

看到这些事情,多数人都忍不住嘲笑他们愚蠢,甚至觉得不可思议。墨菲

定律告诉我们，愚蠢不可避免，且极具创造力。事实上，每个人都是非理性的，只是程度不同而已，特别是在慌乱、生气、无聊和受到挑衅时……都可能一时失控，做出不合常理的蠢事。

为什么会发生这样的情况呢？这需要我们了解大脑是如何思考和决策的。

哥伦比亚大学商学院教授迈克尔·莫布森在《反直觉思考》一书中指出，我们的所有思考都基于大脑的"默认设置"，使用的是百万年进化形成的"自带软件"，这种思维模式就是直觉思维。

心理学家丹尼尔·卡尼曼在《思考，快与慢》中强调，人类的大脑有快与慢两种决策方式：快思考是无意识的、快速的，不假思索，不耗费脑力，属于直觉思维；慢思考是有意识的、严谨的，需要耗费大量的脑力，属于理性思维。

不少人误认为，大脑是思维与理性的管理员，是控制言语和行为的指挥官，是勤奋的、高效的执行者。实际上，这只是我们对大脑一厢情愿的美好想法罢了。

人类的大脑天生是懒惰的，它默认的状态是快思考，对信息的处理是简单、快速、粗暴的，能偷懒就偷懒，总是倾向于用最节省认知资源和能量的方式运作。

为什么大脑会默认使用快思考呢？简单来说，这是进化保留下来的生存机制。

人的大脑一天所需要的能量占人体总能量消耗的20%，慢思考的理性运算对大脑资源的消耗非常大，只要一动脑子，资源消耗就要增加10%~15%，而快思考的耗能极低。在远古时代，保存能量对于人类生存来说是必要的。为了更好地存活下来，大脑能偷懒就偷懒，能不用就不用，这种惰性本能和对认知资源的极度吝啬，使得人们在遇到问题时，总是习惯性地依靠直觉来思考，故而做出不少愚蠢的决策。即使是高智商的聪明人，也难免犯这样的错误，因为他们的大脑和普通人一样，也是"认知吝啬鬼"。

12 | 乘坐飞机的死亡率,真的比汽车高吗?

错误的答案往往在我们头脑中更"易得"

多数人都有过这样的经历:开车送朋友去机场,临别之际,忍不住要送上一句祝福,希望对方一路平安。仔细想想,这种叮嘱的背后是一种隐隐的不安,毕竟飞机失事是一件很可怕的事,没有人愿意自己和身边的人遭此意外。

心意固然可贵,但这份叮嘱不该只送给朋友,更应该送给开车的自己,因为汽车出行比航空出行要危险得多。根据维基百科的数据显示,每十亿千米的出行距离,飞机的死亡率只有0.05%,而轿车的死亡率则是3.1%,是飞机的62倍!

为什么人们一提起坐飞机就忐忑不安,乘汽车出行时却气定神闲呢?

在我们的头脑中,汽车事故的画面并不像飞机失事画面那么真实、鲜活,尽管飞机失事很罕见,但它太可怕了,人们更容易从记忆中提取和坠机事件有关的信息。

"认知吝啬鬼"对于信息的生动性和鲜活性非常敏感,非理性行为和信念之所以一而再,再而三地发生,最主要的原因就是我们无法抗拒那些活灵活现却不具代表性的信息的影响。这也是"认知吝啬鬼"的特点,思考问题时依靠直觉来理解信息,经常作出"易得性便捷判断"。

易得性便捷判断是一种倾向,即在预测一个事件的可能性,或判断其风险概率时,人们往往会依赖于那些容易被忆起的具体例子。换言之,我们总是错误地把某些事情在记忆中的易得性,当成它们在现实中发生的可能性。

13 符合理工男的形象,就一定是理工男?

仔细想想吧,别掉进了"代表性陷阱"

1973年,心理学家丹尼尔·卡尼曼与行为学家阿莫斯·特沃斯基开展了一项名为"Tom W."的实验:

研究员给予被试一段关于"Tom W."的描述:Tom W. 智力很高,但缺乏创造力。他喜欢按部就班,把所有的事情都安排得井井有条,撰写的文章刻板、无趣,偶尔会闪现一些略带俏皮的双关语和科学幻想。他热衷于竞争,不太关注他人的感情,也不喜欢与人交往。他一贯以自我为中心,但也有很强的道德感。

之后,研究员让被试猜测,Tom W. 最有可能是以下哪个专业的学生:企业管理、工程、法律、教育、医学、社会学、图书?实验结果显示,绝大多数被试都认为,Tom W. 最有可能是工程专业的学生。因为上述的文字描述,太符合人们心目中理工科学生的形象了。

在面对不确定的事件时,人们往往会根据其与过去经验的相似程度来进行判断或预测。简单来说,就是基于过去经验的相似性,来预测当前事件的可能性,认知心理学将这种推理过程称为"代表性便捷判断"。

代表性便捷判断在生活中随处可见:买彩票的时候,总觉得重复数字的中奖概率低;采蘑菇的时候,总觉得颜色朴素的蘑菇没有剧毒;购买商品时,总觉得价格越高质量越好；乘坐公共交通时，总觉得四处张望的人心怀不轨。

在很多情况下，代表性便捷判断是一种有效的方法，可以帮助我们简化认知过程，快速得出结论。但是，依靠这种捷径得出的结论并不总是正确的，当判断基于刻板印象或表面相似性，而不是准确的概率和数据时，很容易产生偏差。

14 预计两天能做完的事，为何一周也没做完？

规划谬误的存在，让我们沦为蹩脚的预言家

和我们生活的现实世界相比，我们对自己头脑中的世界知之甚少。为此，丹尼尔·吉尔伯特在《撞上快乐》一书中由衷地感慨道："对于那些使我们幸福的事，我们通常是一个蹩脚的预言家。"

正在着手毕业论文的你，准备用两个月的时间完成这件事。很快，两个月过去了，你却连资料都没有收集全面，电脑的文档上依旧是一片空白。

老板下达了新任务，起初你信心满满，觉得凭借自己十年的工作经验，两天就可以把设计初稿做出来。结果，真的开始做了才发现，这项任务没有想象中那么轻松，一周的时间过去了，初稿仍没成形。

决定开启极简生活的你，给自己设定了一个小目标：用两个月的时间存下4000元。原本以为，缩衣节食就可以达成心愿，没想到两个月之后，非但没有攒下钱，反而还用信用卡透支了1000元。

……

无论是处理课业还是工作任务，或是攒钱理财，我们都经常会遇到无法按时完成计划的情况。很多时候，明明觉得自己可以在规定的时间内做好，结果却发现事情并没有想象中那么顺利，最终沦为吉尔伯特笔下的"蹩脚的预言家"。

心理学家丹尼尔·卡尼曼与阿莫斯·特沃斯基研究发现，人们在估计未来任务的完成时间时，经常会低估任务的难度或是完成所需的时间，这种现象叫作"规划谬误"。

相关研究显示，无论是在学业任务上，还是在日常生活中，规划谬误都是普遍存在的，其预估错误的概率为20%~50%。这种现象和人格特质没有关系，也不只存在于个人身上，群体在协商、预估任务的完成时间时，也存在类似的问题。波士顿的"大开挖"高速公路建设项目，原本计划是用10年的时间完成，实际上却用了16年；悉尼歌剧院预计在4年内完成，实际上却用了14年！

我们之所以会预测错误，多半是因为记错了之前完成实际任务花费的时间。想要减少规划谬误的发生，最好的办法就是——参考过去在相似情境下的行为花费了多少时间。

这也提醒我们，平时执行任务或做某件事情的过程中，不妨准确地记录一下所用的时间，以便将来作为客观可信的参照数据，而不是全凭感觉去预测。

15 | 为什么做人要乐观,但又不能太乐观?

过度乐观会影响对未来的判断

仔细回顾规划谬误不难发现,导致这种认知错觉的一个主要原因,就是人们倾向于从更加乐观的角度看待自身,以及某些事情将来的完成情况。

有一项针对22种文化下的9万多人开展的研究显示:多数人对于事物的看法都是倾向于乐观,而不是悲观。2000年的一项调查研究表明,有50%左右的高中毕业生相信自己可以获得研究生学位,但最终做到的只有9%。2008年全球性金融危机爆发,研究者在这一背景下于世界范围内展开了一项民意调查,结果显示:大多数人预期,未来5年自己的生活会比过去的5年更好。

乐观的心态值得称赞,乐观的人往往拥有更健康的身体,更少罹患抑郁症,且有更强的复原力。但是,乐观不一定总是好事,毕生都在研究乐观的心理学家迈克尔·施莱尔与查尔斯·卡弗早就提醒过我们:"太过乐观了也会有消极影响,可能因乐观而一事无成。"

心理学教授加布里埃尔·厄廷根认为,积极思维在某些时候能够激发人们的行动,但它并不总是有效的。在与以往经历脱离的情况下,乐观的幻想、梦想、希望可能会影响人们对未来的判断,成为行动的阻力,带来不利的后果。

无论是写文章、做设计图,还是攒钱理财,需要花费的时间都远比想象中要长,但是人们习惯了通过回忆去预测未来,而回忆又会自动把完成任务花费的时间缩短，屏蔽掉过程中的诸多阻碍与艰辛，让人误以为诸事都很顺遂。一旦真的开始执行时，真实的困难就会冒出来，且要花费一定的时间才能够解决，这就导致先前预测的时间显得极为仓促。

怎样才能避免盲目乐观呢？最好的办法是启用现实法则，切实地认识到为了达成目标要付出怎样的代价。预估处理任务的过程中哪里会出现问题，以及如何避免或解决这些问题。

16 那些无知的人，为什么有着"迷之自信"？

认识自己的无知，需要相当程度的知识

提起古希腊的哲学家苏格拉底，人们往往会想到"智慧"二字，并将其誉为"最有智慧的人"。然而，面对这样的赞誉，这位哲学大咖却坦言："我只知道，我一无所知。"

再看享誉世界的科学巨匠爱因斯坦，人们将其视为"科学界孤独的天才"，在他事业的巅峰时刻，周围的人们都震惊于他的发现，却很少有人能跟上他的思维节奏。可即便是这样一位天才人物，也并未停止思考与求知的步伐，他说："用一个大圆圈代表我学到的知识，但是圆圈之外是那么多的空白，对我来说就意味着无知。圆圈越大，周长越长，它与外界空白的接触面就越大。由此可见，我感到不懂的地方还大得很呢！"

这些充满智慧的人都承认自身的局限，不断地自省更新，随时准备放弃原有的见解，接受全新的知识，始终保持着弹性的态度，彰显了"越深刻越谦卑"的特质。相比之下，有些人明明很无知，却散发着"迷之自信"，不是自负得令人生厌，就是愚蠢得令人摇头。

1995年，有一个名叫麦克阿瑟·惠勒的中年男人，没有做任何伪装，也没有戴面具，就在光天化日之下对匹兹堡的两家银行实施了抢劫。更可笑的是，在走出银行之前，他竟然还冲着监控露出了得意的笑。

很快，警方就把惠勒逮捕了。当警察给惠勒回看监控录像时，他露出了难以置信的表情，说了一句："我明明涂了柠檬汁呀！"

原来，惠勒之前了解到一条信息，用柠檬汁写下的字迹只有在接触热源时才会呈现。他突发奇想：如果我把柠檬汁涂抹在皮肤上，只要不靠近热源，不就可以"隐形"了吗？他为自己的妙思称赞叫绝，并且真的这么做了。结果，他不仅把自己送进了警局，还成了笑柄。

密歇根大学心理学教授大卫·邓宁对惠勒的事件产生了浓厚的兴趣。他和研究生贾斯廷·克鲁格决意研究这一现象，最终提出了著名的"达克效应"。

达克效应揭示，人在认知层面分为四个层次：
第一层：愚昧山峰，不知道自己不知道。
第二层：绝望之谷，知道自己不知道。
第三层：开悟之坡，知道自己知道。
第四层：平稳高原，不知道自己知道。

达克效应指出，越是知识丰富的人，越能意识到自己的不足，也越能发现、承认和学习别人的优点；越是无知的人，越是倾向于高估自己的水平，无法正确地、客观地评价事物，更无法认识到自己本身能力的不足。

像惠勒这样的人并不多见，但是达克效应这种认知偏差在生活中却是随处可见的。不信的话，去看看那些不屑于学习和上进的人，他们往往都有一种令人费解的"迷之自信"和"莫名的优越感"，在人前摆出一副过度自信之态。

这些无知的人，之所以自我感觉良好，就是因为他们根本不知道自己无知。正如邓宁和克鲁格所说，一个人对能力的认识也是需要能力的。

想要摆脱"愚昧山峰"，平时就要多读书，拓展自己的知识边界；也可以向可靠的人寻求即时反馈，清晰的反馈信息可以帮助我们及时纠正偏差，建立正确的评估体系。另外，还要设想自己的判断可能出错的原因，迫使自己考虑无法证实自己信念的信息。

17 | 错失心爱的人，这辈子就不会幸福了？

彼时可能会这样想，此时只会觉得可笑

失恋之时，你是我唯一的挚爱，错失了你，我不会再有幸福。
微醺之时，你是我的非亲兄弟，有需要时，我会鼎力相助。
哀伤之时，你是我的至亲，没有你的余生，我会痛不欲生。
……

这样的情形，几乎每个人都遇到过。时过境迁，当我们再度回首那些往事时，却发现彼时那份浓烈的情感与情绪，不知道在什么时候就悄然散去了。就像苏格兰作家乔治·麦克唐纳所描述的那样："当一种感觉存在的时候，他们感到它好像永远不会离开；当它消失以后，他们感到它好像从未有过；当它再回来时，他们感到它好像从未消失。"

面对生命中那些重要的人和重要的决定，我们大都会考虑到自己未来的感受。有些时候，我们能够清楚地知道自己会有怎样的感受——考试通过会感到喜悦，输了比赛会感到沮丧；但也有些时候，我们会错误地预测自己的感受。

丹尼尔·吉尔伯特是美国哈佛大学的心理学教授，也是情感预测研究领域的先行者。1993年前后，吉尔伯特的生活陷入低谷，接连遭遇重创：他的导师和母亲相继离世，婚姻也遭遇危机，孩子在学校里状况百出……一切看起来都是那么糟糕，似乎永远都不会好起来了。

然而，仅仅过了一年的时间，当吉尔伯特和同事兼好友心理学家威尔逊谈起这段经历时，他猛然发现，曾经以为那些糟糕的事件会把他彻底击垮，可事实证明，一切并没有想象得那么糟糕。这一现象激发了吉尔伯特和威尔逊的研究兴趣，他们共同创立了"情感预测"的概念，并对此展开了深入的研究。

情感预测研究显示，人们并不能准确预测未来的情绪状态，特别是对情绪强度和持续时间的预测，往往会存在较大的偏差。

不管是好事还是坏事，我们通常都会高估它们对自己幸福感的影响。实际上，我们所关注的那些事情，并不会带来想象中那么大的改变。这是因为，我们从心理上构建未来时，并没有意识到我们拥有调节能力；在幻想未来时，我们倾向于只关注所讨论的事件，而没有考虑到其他同时发生的事情可能会减轻失败的刺痛或淡化眼下的幸福。

活在世上，我们都难免会遇到挫败，并由此体验到痛苦。不过，吉尔伯特和威尔逊通过研究证实：重大的消极事件可以激活人的心理免疫系统，所引发的痛苦持续的时间反而更短。这也提醒我们，不要小觑心理免疫系统（包括合理化策略、看淡、原谅和限制情绪创伤）的速度和力量，高估丧失、拒绝、挫败等带来的压力和伤害。我们的内心是有韧性的，它虽然柔软、脆弱、容易受伤，但也有着强大的复原力。

18 | 童年阴影可能是被植入的虚假记忆？

我们的回忆不一定都是正确的

记忆，是过去的经验在人脑中的反映。有了记忆，人才能保持过去的经验，才能积累经验、扩大经验，把先后的经验联系起来，使心理活动成为统一的过程，形成个体的心理特征。

记忆这个东西，是不是完全可靠的呢？这还真不一定。

一直以来，人们大都认为记忆被精确地镶嵌或埋藏在大脑的某个地方，可以通过药物或是催眠回忆起来。但遗憾的是，我们的记忆并不是对过去事件的准确记录，也无法通过一个按钮倒回去重新播放。

记忆是一个重构的过程，影响我们记忆的最大因素不是过去真实发生的事件，而是我们现在对那些事情的思考。我们通过过滤和修改自己的观念，重新创造了自己的记忆——它可能是什么，它应该是什么，我希望它以什么样的方式发生。

认知心理学家伊丽莎白·洛夫特斯针对重构记忆开展了一项研究，通过微妙的词语变化来研究暗示性的提问如何影响记忆，以及随后的目击者证词。在实验中，洛夫特斯向被试展示了一部描述多车事故的影片。

影片结束后，一些被试被问到："汽车撞在一起时的速度是多快？"另一些被试被问到："汽车碰在一起时的速度是多快？"这两次提问的关键字眼是

"撞"和"碰",结果显示:被问及"撞"而不是"碰"的被试,对于汽车速度的估计要快得多;在观看过影片一周之后,这些被试更有可能错误地声称,他们在事故现场看到了玻璃碎片。

在另一项研究中,洛夫特斯向被试展示了一组幻灯片,情景是一起汽车事故与一起行人事故。看完幻灯片后,一半的被试被问到:"途经事故现场的那辆蓝色汽车车顶上有没有滑雪架?"另外的一半被试也被问了同样的问题,只是"蓝色"一词被去掉了。结果显示,那些被问及"蓝色"汽车的被试更有可能错误地声称,他们看到了一辆蓝色汽车。

由此可见,问题的一个简单调整就导致了被试记忆的改变。❶

事件是真实发生的,但在追忆的过程中加入了一些错误的细节,这种情况叫作"错构"。

除错构以外,记忆还可能会发生下面四种情况:

1. 虚构
谈论一些事情时,就像是真的发生过一样,其实这些东西都是想象出来的,用以填补记忆缺陷。严重的虚构是器质性脑病的特征之一,与病理性说谎不同,后者只是喜欢幻想,想靠制造虚假的经历博得他人的同情和关注。

2. 屏蔽
屏蔽记忆是个体对童年时发生的,与某种重大的或伤害性的事件有一定联系的平凡小事的记忆。个体通过对这件小事的回忆,不自觉地抑制或阻碍对那个重大的或伤害性事件的回忆,掩盖其他记忆及相关的情感和驱力,借此防御痛苦体验的再现。

---

❶ 艾略特·阿伦森、乔舒亚·阿伦森,《社会性动物》(第12版),华东师范大学出版社,2020年5月。

3. 选择性记忆

只记忆对自己有利的信息，或只记自己愿意记的信息，其余信息往往会被遗忘。这种记忆上的取舍，就叫选择性记忆。

4. 情绪性记忆闪回

那些激起我们强烈情绪的事件，会让我们记得更清楚，我们越是想忘记，越是记得深刻，比如恐怖袭击、刻骨铭心的虐恋等。

现在，你还敢完全相信自己的记忆吗？

19 | 合影里的我太丑了,别人一定会笑我?

别人和你一样,也只关注合影里的自己

公司年会的照片新鲜出炉,第一时间被助理发布在公司群里,接着又连同文章一起发布在企业的公众号上。可是,看到照片的露西,却是满心不悦。

为了出席这场盛宴,爱美的她精心打扮了2小时,化了时尚的妆容,还买了一套优雅的晚礼服。花了这么多的心思,就盼着能拍出几张美照,不承想公司合影里的她,不是半闭着眼睛,就是笑得很夸张,和她的自拍照简直是天壤之别。

露西很郁闷,心想同事看见自己在合影里的模样,还不知道笑成什么样呢。她越想越闹心,甚至觉得周围的同事都会在私下谈论她在照片里的"丑态"。

看到露西的经历,有没有似曾相识之感?也许,我们没有露西这么较真,但在看到合影的第一刻,大家都会努力地寻找自己的身影,看看自己在照片里是什么样子。如果拍得还不错,或是与平时没什么两样,便觉得比较满意,很快就把这件事放下了;如果照片定格的刹那,刚好赶上自己做出闭眼、张嘴或其他搞笑的表情,就会不太舒服,担心别人在看合影时会嘲笑自己滑稽的样子。

其实,不只是合影中的"丑态"让人郁闷,要是不小心在路上跌了一跤,或是与他人聊天时不经意间说错了一句话,也可能会让我们感到尴尬和不安,担心别人会评议自己。为什么我们会那么在意自己的形象,总觉得别人都在关注自己呢?

人类是社会性动物，但也倾向于把自己视为一切的中心，直觉地高估他人对自己的关注程度，这种现象在心理学中被称为"焦点效应"。

美国心理学家劳森曾经对焦点效应展开过研究：

在一项实验中，研究员让被试大学生穿着印有"美国之鹰"的运动衫去见同学，大约有40%的被试认为同学会记住自己衣服上的字，实际上只有10%的人记住了。多数观察者甚至压根就没有注意到，被试中途出去再回来时更换了衣服。

在另一项测试中，研究员让被试穿着印有过气摇滚歌手的T恤去上课，被试认为会有50%的人注意到自己的尴尬衣着，实际上只有23%的人注意到了。

当我们想象别人如何看待自己时，往往会觉得自己站在聚光灯之下，所有的缺陷都暴露于众。有些青少年发现自己长了青春痘之后，开始对上学产生恐惧和厌恶，他们认定"别人都会注意到我脸上的痘痘"。从认知层面来讲，这是一种自我中心偏见。

自我中心偏见，是指过度依赖自己的观点，或对自己的看法高于实际情况的倾向。

自我中心偏见是满足自我心理欲望的结果，把自己视为宇宙的中心，认为所有人的目光都会集中在自己身上。由此引发的烦恼就是，一旦某些地方不够好，就会产生一种被当众围观的担忧。

实际上，这种担忧完全没有必要。要知道，当你在合影里寻觅自己的身影时，别人也在这样做，每个人都存在自我中心偏见。你不是别人关注的焦点，没人会花费大量的精力去琢磨你的表情、姿态、衣装，即使别人注意到了，也会很快抛诸脑后，去琢磨自己的事情了。

20 | 算命先生说的话，怎么会那么准呢？

我们总是不加评判地接受错误与谎言

"在一个不熟悉的新环境中，你会非常谨慎。"

"你的思想保持着开放的状态，但在某些特殊的时刻，你会坚定地捍卫自己的想法。"

"你看待生活的方式不是单一的，更多的时候，是乐观与悲观叠加的。"

初次见面，如果对方对你说了上面这些话，你会不会觉得他说得很符合实际？甚至怀疑对方是一个会读心、懂命理的算命先生？否则，他说的话怎么会那么准呢？

有些人在陷入窘境时，往往会找命理师算一卦，希望对方给自己指条明路，找到走出困境的出口；不少职场白领在新一周开始前，会参考星座运势，预测接下来可能会发生什么状况，以便"心中有数"。有意思的是，无论是命理师还是星座运势，总是可以给出一些"很准"的总结或预测。

为什么算命先生说的话、星座运势给出的预测，总是那么准？难道说，命运真的是与生俱来的？时运真的和星座、天象有关？当然不是，否则还谈什么科学呢！至于算命先生和星座占卜为何总能说到人心里，还要归咎于心理学中的"巴纳姆效应"。

巴纳姆效应，是指人们都很容易相信一个笼统的、一般性的人格描述，觉得

它精准地反映了自己的人格面貌。实际上，这些描述是很模糊的，通常也具有普遍性，能在很多人身上得到验证，因而也适用于很多人。

现实中求助算命先生的人，往往都是迷失自我的人，很容易受到外界的暗示。当他们遭遇不如意、陷入情绪低谷时，会对生活失去控制感，安全感也会受到威胁，心理依赖性增加，受暗示性也会比平时更强。

算命先生借助巴纳姆效应，揣摩了当事人的内心感受，很有讲究地抛出那些听起来很有道理，实则适用于绝大多数人的话，稍微给予求助者一些理解和共情，求助者立刻就会感受到一种精神安慰。算命先生接下来说的放之四海而皆准的话，求助者自然就会深信不疑。

心理学是研究人类的心理现象及其发展规律的学科，最终的目的是治疗和改善人性的弱点。算命是运用心理学中的一部分内容做推演，断章取义，没有科学依据，最终目的是利用人性的弱点为自己牟利。

当生活遭遇滑铁卢的时候，不要急着去找算命先生，求他帮自己预测未来。命运掌控在自己手里，学会转换视角，看到事情的另一面，往往就能跳出固有的思维模式，打破不合理的信念，依靠自己的力量走出困境，改变人生。

21 | 为什么好事不出门,坏事传千里?

相比安稳幸福,人们更关注潜在的威胁

你有没有留意到这样的现象——

上网浏览新闻时,更容易被负面的、令人沮丧的文章吸引?
在人群中找到愤怒的面孔,比找到微笑的面孔更容易?
办公室里的流言蜚语总是能够快速发酵,引起大家的关注?
人们凑在一起闲聊时,似乎更热衷于传递一些负面的消息?

人类作为社会性动物,似乎更容易受到消极信息、消极事件的影响,而不是正面的。即使在回忆过往时,也更容易想起那些不愉快的、创伤性的事件;哪怕某一天发生了不少好事,可我们的注意力还是会不自觉地停驻在唯一发生的"坏事"上,担心自己的言行会给他人留下不好的印象,纠结负面的评价。

为什么我们对消极信息的反应如此敏锐和强烈呢?

负面的经验、消极的事件,对人们的影响远远大于中性经验和积极经验。人们倾向于以避免负面经验的方式行事,且更容易忆起过去的负面经验,并受到其影响。

从进化的角度来说,消极偏见是有积极意义的。

当我们不能对有利的事情产生积极情绪时，顶多就是少了一次快乐和美好的体验，虽然会有遗憾，但不会造成太大的影响。可是，当我们无法对危险的事情做出恰当的反应时，即便只是一次，也可能会失去性命。

对任何生物来说，生存和繁衍都是两大核心主题。消极偏见可以帮助我们在威胁之下更好地生存下来，从而提高繁衍的可能性。

22 | 捡到的100元可以弥补丢了的100元吗？

人类对损失的厌恶，远远大于收益的快乐

假设有100%的概率可以获得50万，有50%的概率可以获得100万，你会选择哪一个？

从理性的角度分析，两个选项的期望值没什么区别，金额都是50万。然而，置身于现实生活中，绝大多数人都会选择第一种，毫无悬念地把50万收入囊中，美滋滋地去享用这笔钱。毕竟，选择第二种的话，有50%的风险是一分钱都得不到。

假设你在路上捡到了100元钱，结果不小心又丢了100元，你的心情会是怎样的呢？

从理性的角度分析，得到100元又失去100元，等于又回到了原点，所拥有的金钱数额没有发生改变。然而，若真遇到了这样的事情，很少有人不郁闷，即使丢掉的钱是捡来的100元，人们也仍然觉得自己损失甚大，丢钱的痛苦指数远大于捡钱的快乐指数。

面对同等的收益和损失，为什么我们会觉得损失更难以接受呢？

人并不是完全理性的，在面对同样数量的收益与损失时，失去金钱时所感受

到的痛苦，比被给予同样多的金钱所带来的快乐更大。人们更倾向于避免损失，而不是试图获得收益，这种现象叫作"损失厌恶"。

损失厌恶反映了人类对损失和获得的敏感程度的不对称，人类对于避害的考量，远远大于趋利。毕竟，在漫长的进化历程中，人类面临着残酷的生存竞争，在没有站在食物链顶端之前，一直过着风餐露宿、茹毛饮血的生活。在恶劣的自然环境下，多宰杀一头猎物（收益）不过是暂时改善一下生存质量，可是稍有不慎（损失）就会被大自然淘汰。这种不对称的自然选择的压力，就导致了损失厌恶的产生。

23 | 为什么总觉得自己选的彩票中奖率更高?

人们总是高估对偶然事件的控制能力

日本有一家保险公司,发行了一批头等奖为500万美元的彩票。之后,他们将彩票以每张1美元的价格卖给自己的员工。有一半买主的彩票是自己选择的,另一半买主的彩票是卖票人选择的。到了抽奖当日,公司专门对那些购买彩票的人进行调查,告诉他们说,有朋友也想买彩票,希望他们可以转让。你认为,持有彩票的那些人,最终会以多少钱的价格出售自己的彩票呢?

调查结果显示,不是自己挑选彩票的人,平均每张票的售价是1.96美元;由自己挑选彩票的人,平均每张票的售价是8.16美元。这一结果说明:亲自选择彩票的人,相信自己的中奖率更高一些。

亲自挑选的彩票,真的比别人挑选的彩票更容易中奖吗?很显然,这完全是一种错觉。

人们以为凭借自己的能力可以支配那些非常偶然的事,这种现象被称为"控制错觉"。控制错觉的产生,是由于人们平常的生活都是由自己来支配的,从而把这种错觉扩展到了偶然性的事件上。

偶然性的事件虽有概率的约束,但具体到每一次的结果却是没有办法控制的。这就如同,别人给你买了一张彩票,和你自己买了一张彩票,中奖的概率几乎是一样的。虽然人们心里也明白这个道理，可在现实情境中，仍然相信自己"精选"的彩票更容易中奖。

正因为控制错觉的存在，使得许多人掉进赌博的旋涡中，难以自拔。我们要谨记这一心理现象的存在，遇到偶然性事件时，不要过于执拗。

CHAPTER 3
承认自己错了有那么难吗?

——谁会认错?自我辩护是人类的天性。

24 为什么人们犯错时总爱找借口？

认错有点伤面子，找借口是最轻松的

每个人都有一定程度的自恋，适度的自恋能够带来自尊、自爱等积极的心理状态。只是人非圣贤，难免有犯错的时候。当我们犯错时，认知中就会出现一些与"我还不错"这种想法不协调的因素，导致认知失调。

1957年，美国心理学家利昂·费斯廷格提出了认知失调理论，当两种想法或信念（认知）在心理上不一致时，我们会感到一种紧张的状态（失调），为了减少这种不愉快的感受，我们会自发地调整自己的想法。

费斯廷格认为，人们的态度与行为是一致的。当态度与行为产生分歧时，通常会引起个体的紧张心理。为了克服这种紧张感，人们往往会采取多种方法，以减少自己的认知失调。

以犯错来说，"我做错了事情"与"我还不错"这两种认知之间，俨然是存在冲突的，会给人带来不适感。要消除这种认知失调，可以暂时放下"我还不错"的想法，承认"我真的是做错了"，让态度与行为保持一致。

可是，多数人不愿意用这样的方式解决问题，因为承认自己不那么明智、善良、正直、体面，实在有点"伤面子"。相较之下，人们更愿意用另一种方式来处理，那就是让自己和他人相信"我犯的错误是情有可原的"，这样的话，就可以继续维持"我还不错"的认知。

结合这一情形，我们就能理解为什么许多人在犯错之后，总是会忍不住为自己找借口开脱。原因就是，认错太艰难，让自己的所言所行看起来"合情合理"是最轻松的。

25 | 得不到一样东西，索性就说自己不想要？

人都有自我合理化的行为倾向

明明很想拥有一辆汽车、一栋属于自己的房子，却因为手里的钱不够而无法如愿。每当与人谈起这些事情时，就会故作明智地说："买房子还得背负贷款，我不想活得那么辛苦；养车的支出也很大，不如打车划算，而且更省心。"

公司内部正在施行竞职晋升计划，明明很想升职加薪，但又害怕自己会落选，索性就安慰自己说："在其位谋其职，职位越高，操心的事情越多。我只想安心做好自己的本职工作，到点上下班，这样的日子挺好的。"

这样的情景，有没有让你想起一则寓言故事？没错，就是"吃不着葡萄说葡萄酸"。

饥肠辘辘的狐狸路过葡萄园时，看到鲜美多汁的葡萄，口水都要流下来了。只是葡萄架有点儿高，它跳了半天也没够着。无奈之下，狐狸只好放弃。离开葡萄园的时候，狐狸气鼓鼓地说："哼，这葡萄肯定是酸的，就算摘到了也没法吃。"

葡萄到底酸不酸呢？当然不酸，因为这个故事还有后续。

正准备摘葡萄的孔雀听信了狐狸的话，把这件事情告诉了准备摘葡萄的长颈鹿。长颈鹿出于好心，又把消息告诉了树上的猴子。结果，猴子不屑一顾地说："我每天都吃这里的葡萄，甜着呢！"说完就摘了一串葡萄，美滋滋地吃了起来。

很想要一件东西，却因种种阻碍无法获得，此时行为和态度之间就产生了矛盾，让人不舒服。为了减少不愉快的感觉，重新达到心理平衡的状态，索性就声称自己不想要。如此一来，自己的态度（我不想要）和行为（我得不到）就保持了一致。

当行为与态度产生矛盾时，人们通常会改变自己对某件事的解释和态度，试图降低目标的诱惑性，或是转移自己的注意力，以此缓解认知失调带来的不适。

在应对认知失调时，人们有时不只说"葡萄酸"，还会说"柠檬甜"。我们都知道，柠檬是酸涩的，可是对于自己拥有的东西，哪怕知道它不够好，也要硬把它说成好的，这样才能够弥补内心的落差感。其实，无论是"吃不着葡萄说葡萄酸"，还是"吃了柠檬说柠檬甜"，两种说法都是心理防御，都是在用"合理化"的方式维持内心的平衡。

26 如果换作别人，肯定也会这么做的！

人们总是从自己的角度出发看待事物

美国心理学家罗斯曾带领团队做过一个"广告牌实验"：

研究员在学校里询问一些学生：是否愿意在胸前和背后挂上一个广告牌在校内进行宣传？在了解了学生的意向后，再请他们猜测：其他同学是否也会同意这样做？

实验结果显示：当某一位同学自己愿意时，他会认为其他同学也愿意；相反，当某一位同学自己不愿意时，他会认为其他同学也不愿意。

为什么自己愿意（不愿意）做的事，就会认为别人也愿意（不愿意）呢？

为了提升自我形象，人们常常把自己的特性归属到他人身上，高估或夸大自己的信念、判断及行为的普遍性，过高地估计他人对自己观点、行为的认可度，这种现象在心理学上被称为"虚假普遍性"。

心理学家塔尔玛德说："我们并不是客观地看待所有事物，而总是从我们自己的角度出发看待事物。"用通俗的话来说，就是以己度人，总是下意识地认为自己的想法是普遍且适当的，即使这些想法有可能是错的，人们依然会把自己的错误想法正当化，劝说其他人认同自己的想法和行为。其中最常见的说辞就是：

"我的想法（做法）没有错，换成别人也会这样想（这么做）的！"

你可能会疑惑，为什么我们会错误地认为"别人和自己一样"呢？

在进行判断和决策时，我们通常需要借助一些信息来进行分析，而最容易获取的信息莫过于自己头脑中的想法。所以，我们很容易把自己的想法作为重要线索对他人进行分析，从而得出"别人和自己一样"的结论。

27 | 我这么聪明的人，怎么可能会被套牢？

每个人都觉得自己与众不同

人的心理很复杂，同时也很有趣。

提及犯错失误，人们总觉得"我只是犯了人人都会犯的错误"，粗心大意和疏漏是难免的，谁也不是圣人；论起才智品德，人们又觉得"不是谁都有这样的才智和能力"，认定自己是独一无二的，仿佛其他人都比不上自己。

认为"别人和自己一样"叫作虚假普遍性，认为"自己和别人不一样"叫作虚假独特性。这两种想法都可以归结为"自以为是"，都属于认知偏差。

虚假独特性，是指人们总认为自己的品德、智慧、才气是独一无二的，别人都不如自己。

人们在做投资决策的时候，虚假独特性体现得格外明显，如经常高估自己、低估庄家和他人，认定自己不会是最后一个接盘的人，不可能被套牢。大量的事实证明，许多投资决策者的能力远比他们自己想象中要低，他们完全被虚假独特性蒙蔽了心智，最后惨遭败局。

1720年，英国股票投机狂潮中发生了这样一件事：一个无名氏创建了一家莫须有的公司。自始至终没有人知道，这到底是一家什么公司。可在认购的时候，近千名投资者争先恐后地投入了资金。他们都预期会有更大的笨蛋出现，股票价格会上涨，自己能赚钱。

有意思的是，大名鼎鼎的科学家牛顿当时也参与了这场投机，而且成了那个最大的笨蛋。为此，他不禁感叹："我可以计算出天体运行的轨迹，但人们内心的疯狂实在难以估计。"

投机行为最为关键的一点就是确信有比自己更大的笨蛋，只要自己不是最大的笨蛋，就会成为赢家，赢多赢少另当别论。如果再没有一个愿意出更高价格的更大笨蛋来做"下家"，你就成了最大的笨蛋。

可以说，投机者们信奉的无非是"最大的笨蛋"理论，而所有的投机者都认为自己是聪明的，不可能成为"最大的笨蛋"。很明显，这就是虚假独特性在作怪。博傻理论告诉我们，别以为总会有比你更傻的人出现，如果你存在侥幸心理，你就是那个最傻的人。

人们总是不知不觉地在"虚假普遍性"和"虚假独特性"之间徘徊，不是"高估"自己，就是"低估"别人，扭曲事实真相。自信固然可贵，但这两种现象也提醒我们：不要盲目地高估自己的想法和能力，要在获取足够多的信息和事实之后，再作出判断和决策。

28 | 成功是因为足够努力，失败是因为运气不佳？

人在归因时有自我价值保护的倾向

你有没有发现，不管是虚假普遍性，还是虚假独特性，人们都是在为自己的思想、言行进行辩护？犯错不能说明"我不好"，做出成绩是因为"我够好"，最终的落脚点都是对自我价值的保护，这种现象被心理学家称为"自我服务偏差"。

自我服务偏差，是指个体在归因过程中，存在明显的自我价值保护倾向，即归因朝着有利于自我价值确立的方面倾斜。

人们在加工与自我有关的信息时，为了追求一种积极的自我概念，常常会出现一种知觉偏差，倾向于认为自己各方面的表现都要高于平均水平。恰如美国专栏作者戴夫·巴里所说："无论年龄、性别、信仰、经济地位或种族有多么不同，有一件东西是所有人都有的，那就是每个人的内心深处都相信，自己比普通人要强。"

要承认自己不够好、不如他人，无疑是一件痛苦的事。所以，人们总是把成功与自我形象联系在一起，把失败归咎于客观条件或是他人，以此来保持自我良好的感觉。

学生习惯把好成绩归功于自己的认真和努力，把低分数归咎于题目太难、老师判卷苛刻；员工总是把良好的工作表现归功于自律和心态，把工作表现不佳归咎于任务艰难、同组伙伴萎靡不振；老板则会把出色的业绩归功于自己的管理能力，把业绩不佳归咎于经济不景气、员工能力不足、没有赶上好时机。总之，就是把好结果归因于自己，把坏结果归因于外部。

自我服务偏差对于人类的生存是有价值的，这也是它持续至今的重要原因。

心理学家奥尔森与罗斯认为，把成功归因于自己，把失败归因于外部，可以提升人们的自我价值感，避免由于自己做得不好而感到沮丧；心理学家格林伯格认为，良好的自我感觉和安全感可以消除人们对死亡的恐惧；社会心理学戴维·迈尔斯说得更为直接："认为自己比真实中的自我更聪明、更强大、更成功，这也许是一种有利的策略……对自我的积极信念，同样会激发我们去努力，并在困境中保持希望。"

事物都有两面性，自我服务偏差也有负面的影响，它使得人们经常无法客观地看待自己，看不清问题的根源，最终导致决策失误。

29 | 害怕失败可以理解，害怕成功是怎么回事？

为了避免失败，干脆自我设阻

明天要期末考试了，宿舍里的同学都在看书背题，唯独A君还在刷手机。A君是不是对考试胸有成竹呢？不，其实他心里也没底。既然不确定自己能否通过考试，为何不复习呢？就算是临阵磨枪，好歹也能记住一两个知识点吧？

B君在公司就职5年，算得上是老员工了。凭借资历和能力，他完全可以竞争部门经理的职位。可是，晋升选拔的前一天，B君却主动放弃了竞选，还声称家中有事请了两天假。这波操作让周围的同事有点儿迷惑，难道真有人活得与世无争？

C君次日要参加面试，可他却跟朋友喝酒到深夜，第二天睡过头，错过了面试的时间。这家公司的规模不小，据说筛选面试者很严格，C君有机会入选，应该算是一个不错的开始。遗憾的是，他竟然与这个机会失之交臂了。

明知道自己想要什么、该做什么，却不朝着目标做积极的努力，反而背道而驰，做一些会对结果产生负面影响的行为，这到底是为什么呢？

《圣经》里面记载了这样一个故事：

约拿是一个虔诚的先知，一直渴望受到神的差遣。终于，神给了他一个光荣的任务，前往尼尼微城宣布赦免这座原本要被罪行毁灭的城市。这是约拿梦寐以求的时刻，可是这一天真的到来时，面对这项难得的使命和荣誉，约拿却逃跑了。他不断躲避着神，神到处寻找他、唤醒他，甚至让一条大鱼吞了他。最后，约拿终于悔改，完成了他的使命。

在内心期盼已久的机遇真正到来的那一刻，约拿却主动选择了退缩与逃避。这样的情节，是不是与上文中的那些生活情景如出一辙？对于这一心理现象，美国心理学家马斯洛将其称为"约拿情结"。

马斯洛在其代表作《人性能达到的境界》中指出，约拿情结也叫自我设障，即个体为了回避或降低不佳表现所带来的负面影响，而做出的任何能够使失败原因外化的行为和选择。简单来说，就是害怕成功，主动逃避机遇。

自我设障，并不是一种破坏自我的行为，相反，它是一种对自尊的过度保护。心理学家指出，高自尊者采取这一策略可以提高其成功的价值，低自尊者采用这一策略可以减少失败对其自尊造成的威胁。

我们都知道，成功的经验会让人自我感觉良好，提升自我效能；反复经历失败，则会让人陷入习得性无助，降低自我效能。当自我形象与行为表现密切相关时，"付诸全力而失败"比"因为其他原因而失败"更令人沮丧和泄气。

如果主动给自己设置一些障碍，把有可能发生的失败归咎于一些暂时的、外部的因素，而不是自身的能力不足，就可以保护自己的自尊和形象；如果在设置障碍的情况下，仍然得到了不错的结果，那刚好可以提升自我形象。

在现实生活中，人们经常用以下四种方式来进行自我设障：

（1）在重要赛事之前，减少必要的准备。
（2）主动为对手提供一些有利的条件。
（3）在任务初始阶段，以敷衍懈怠的方式降低对自我的期待。
（4）对于关乎自我形象的困难任务，不付出全力。

虽然自我设障可以减少失败对我们的负面影响，但这种效用只是暂时的。从长远的角度来看，这不是一个好的自我管理方式。如果一个人习惯性地自我设障，他的心理调节能力会越来越差，在面临挑战时也更容易拖延和退缩，影响个人的成长和发展。

30 | 不识字的老头，为何会成为白宫顾问？

人们认定了一件事，就会拼命证明它是对的

在华盛顿特区的一栋豪宅里，生活着一位名叫畅斯的老园丁。他不识字，也没有跟外界接触过，每天看电视度日，所有的知识都是从电视中获得的。时间久了，他的世界观和行为就被电视化了。后来，富翁雇主去世了，畅斯不能继续留在豪宅，被迫进入社会。

有一天，畅斯被一辆豪华轿车撞到了，车主是白宫元老顾问本杰明·兰德的妻子。当时，畅斯身上正穿着前雇主的名贵西装。女士见畅斯举止得体，谈吐颇有教养，竟然阴差阳错地把畅斯当成了一位落魄绅士。

女士主动询问畅斯的名字时，畅斯说："园丁畅斯（Chance……the gardener）。"不料，女士将其错听成了"昌西·加德纳（Chauncey Gardener）。"然后，畅斯就被女士主动邀请去了本杰明·兰德的豪宅。由于畅斯的着装、外表和谈吐看起来很不俗，所有人都认为他是一位上流社会的、接受过良好教育的顾问。本杰明在见到畅斯本人之后，对他也颇为赏识。

当时的经济形势不太好，总统想要宏观调控干预救市，为此，本杰明将畅斯引荐给了总统。畅斯是一个非常简单的人，不谙世事，即使面对总统，他也表现得很平静。总统见畅斯"胸有成竹"，误以为他对经济政治形势非常了解，便向他询问该如何刺激经济复苏。

畅斯根本听不懂总统在问什么，他只懂得花园里的那些事，于是就向总统讲述了一年四季花园的变化，归纳出了一个"花园理论"。没想到，这一举动竟然

让畅斯声名鹊起，他开始出现在电视的脱口秀节目中。民意调查显示，公众们非常喜欢畅斯的"简单智慧"。之后，本杰明·兰德去世了，畅斯顺利继承了资本巨鳄的权势，成了政客们倚重的智囊。

畅斯的故事，来自耶日·科辛斯基的小说《富贵逼人来》，这部作品后来被导演哈尔·阿什贝拍摄成了喜剧电影。这是一个充满幽默和讽刺意味的故事，真实的畅斯是一个心性单纯、不识字的老园丁，人们却根据他的绅士装扮、有教养的谈吐，错把他当成了上流社会的精英。

正因为事先有了这样的预判，所以无论畅斯说什么，他们都会将其和博学、睿智联系在一起，以此来确认自己的判断。他们根本就没有发现，畅斯是一个连字都不认识、只会养花除草的老园丁。

千万不要以为，这样的故事只存在于小说和影视作品中，实际上这是一种普遍的心理现象——"确认偏见"，即人们总是倾向于看见自己想看见的，相信自己愿意相信的。

在现实生活中，一旦人们认定了某个观点，就会不断地、有选择地寻找证据来证明自己的观点是正确的；同时，也会有选择地忽略和无视那些反面的证据。

明尼苏达州大学的研究员开展过一项和确认偏见有关的实验：

他们邀请两组被试阅读同一本书，内容是"一个名叫简的女人在一周内的生活"。简不是一个现实人物，而是研究员虚构出来的一个角色，其性格设定是"有时外向，有时内向"。几天之后，被试读完了关于简的书，研究员开始向两组被试提问。

研究员问A组被试：简是否可以担任图书管理员的职位？

研究员问B组被试：简是否可以担任房产经纪人的职位？

A组被试回忆，简是一个文静的女孩，很适合图书管理员的工作；B组被试回忆，简性格开朗，很适合从事房产经纪人的工作。随后，研究员问两组被试：

简是否还适合其他的工作？两组被试都给出了否定的答案。

这一实验表明，即使是我们的记忆，有时也会被大脑的确认偏见影响。

大脑会选择性地留下那些符合我们预判的记忆，忘掉那些违背我们自有观点的信息。

确认偏见是一个思维陷阱，是人们为了维护自我信念而创造出来的，是心理自我保护机制的附属品。很多时候，它会让人丧失客观、理智而不自知，反而认为自己的观点是最客观的。要减少确认偏见的负面影响，不断学习并利用科学的决策理论和工具才是正解。

31 | 破除陈旧腐朽的观念到底有多难?

信念可以独立存在，哪怕已被证明是错的

我们在认识和理解世界时，并不是如实地对现实作出反应，而是根据自己对现实的建构来作出反应。通俗地说，我们是戴着"有色眼镜"去看世界的，这个"有色眼镜"就是我们的信念、态度和价值观，它直接影响着我们对人、事、物的知觉。

有时，坚守信念是有益的，它可以支撑一个人长期去做一件有意义的事。可问题是，信念不一定都是正确的，如果坚守的信念是错的，会出现怎样的情形呢?

心理学家李·罗斯与克雷格·安德森开展过一个实验：

研究员先给被试灌输一条错误的信息：直接告诉他们某一个结论是正确的，或是向被试出示轶事式的证据。然后，请被试解释：为什么这个结论是正确的?

随后，研究员又告诉被试，之前向他们传递的那条信息是错的，并且提供了有力的反面证据，以此来否定先前的结论。那么，被试会改变他们的看法吗？实验结果显示，只有25%的人接受了新结论，大部分的人仍然坚持他们之前接受的那个错误的结论。

实验揭示了一个事实：当我们对某些错误的信息做出解释，并建立了某种信念后，就很难再改观了。即使支持这一信息的证据受到否定，错误的信念仍会保留下来，这种现象叫作"信念固着"。

人对事物的认知通常是先入为主的，一旦形成了某种认知，再想改变这种固有认知就很难。而且，越是想证明自己的理论和解释是正确的，越会忽略和屏蔽那些挑战自己信念的信息。面对挑战固有认知的观点，我们会本能地启动心理防御机制去抵触它。

认识到信念固着的存在，就不难理解：为什么生活中会有那么多"老顽固"？为什么破除陈旧腐朽的观念那么难？就是因为当事人已经为错误的信息建立了一套解释方法，落入了先入为主的思维陷阱，不管别人怎么摆事实、讲道理，他们都难以改变固有的认知。

照此说来，就没有什么办法可以纠正人们的信念固着了吗？

当然不是。唯一可行的办法是，让当事人转换立场，解释相反的观点——"假设我是一个持相反观点的人，我要如何证明自己的观点？"经过多次刻意练习，信念固着就可以被降低或消除。除了对相反观点进行解释，对各种可能结果进行解释，也可以促使当事人认真思考各种不同的可能性，让思维变得开阔。

32 | 有选择就有放弃，决策后认知失调怎么办？

肯定自己所选的，贬低自己放弃的

悠悠想买一件秋冬的外套，几经挑选，最终锁定了羊毛大衣和羽绒服，想在两者之间选一件。羽绒服的优点是保暖性强，但穿起来比较普通；羊毛大衣的优点是时尚有型，但要应对北方的寒冬，恐怕还是有点困难。

在作出决策之前，悠悠几乎每天都会刷小红书，听听博主们的建议。考虑了一周多，悠悠最终决定，放弃羽绒服，入手一件羊毛大衣。猜猜看，接下来会发生什么？

悠悠不再搜索和查看任何跟羽绒服相关的信息，而是全面关注羊毛大衣的款式、穿搭和保养建议，完全不再思考-10℃的天气能不能穿羊毛大衣的问题。

悠悠的行为是什么时候发生转变的呢？

没错，就是在她作出"放弃羽绒服，买羊毛大衣"的决策之后。决策是从两个或两个以上的方案中选择一个的过程，选择一个就意味着放弃一个或多个其他方案。在作出决策之后，无论选择的是哪一个，最终都会与自己的某些信念不一致，从而引起认知失调。

以悠悠来说，对于羊毛大衣的任何负面认知，都会与选择它的认知产生冲突；同样，对于没有选择的羽绒服的任何正面认知，都会与没有选择它的认知产生冲突。

为了减少决策后的认知失调,悠悠开始高度肯定羊毛大衣的漂亮、时尚,而忽略保暖的问题;并且完全不再关注羽绒服的任何信息。

这种决策后的认知失调,不仅存在于购物决策中,在恋爱关系里也存在。一旦作出了某种坚定的承诺,人们就会倾向于关注所选项的积极方面,忽略自己拒绝的其他选项的吸引力。

33 | 面对不可挽回的事情,人们会怎样想?

坚信自己所做的决定是明智的

心理学家丹尼尔·吉尔伯特在哈佛大学进行了一项实验:

被试是一群对摄影感兴趣的学生,研究者让他们拍摄完一卷胶卷后,打印出其中的两张照片,并对照片进行评级,选择其中的一张。研究者告诉A组被试,可以在5天之内更换照片;B组被试则被告知,他们所做的第一选择是不可更改的。

在第2天、第4天、第9天之后,研究员分别联系了两组被试,询问他们对照片的感觉是否发生了变化。不可更换照片的B组被试,比可更换照片的A组被试更喜欢他们的选择。

一旦某个决定是不可挽回的,人们就会竭力让自己为所作出的选择感到高兴。换言之,当我们感到无能为力时,往往会更加确信自己所作的决策是明智的。

34 | 学生对考试作弊这件事是什么态度?

作弊的人宽容它，不作弊的人鄙视它

学校正在进行期末考试，物理试卷的难度比平时大很多，特别是最后一道大题，多数学生都冲着它挠头皱眉。假设你是这些学生中的一员，此刻正在为了那道占分颇多的题目焦虑，脑子一片空白。如果这道题答不出来，你的总分会比平时低15分；如果答出了这道题，结合前面已经考完的科目状况，你预估期末成绩会很不错。

就在这时，你猛然发现右前方的同学——全班物理成绩最好的一位，他已经做完了最后一道题，而你完全能够看到他的解题思路。此时此刻，你的道德感告诉你，作弊是错误的；可若不作弊，这次考试的成绩肯定是糟糕的。你会怎么办？

身陷这样的处境中，无论你是否决定作弊，都会产生认知失调。

如果你选择作弊，你的认知"我是一个正直的、自律的学生"与"我做了一件自欺欺人的事情"之间会产生冲突；如果你选择不作弊，你的认知"我渴望取得一个好成绩"与"我原本有机会取得一个好成绩，但我没有那么做"之间也会产生不一致。

经过一番艰难的思想斗争之后，你肯定要作出决定，且无论哪一种选择都伴随着认知失调。只不过两种不同的选择，对应的是两种不同的消除认知失调的方式。

1. 选择作弊——"我也没有伤害他人，算不上不道德，换作别人也会这么做。"

如果你决定作弊，为了减少认知失调，你会弱化作弊行为的负面影响，并最大限度地对其进行合理化，比如："只要没有人受到伤害，这也算不上不道德。谁都渴望取得好成绩，人性都是共通的，换作别人也会这么做。"

2. 选择不作弊——"作弊是一种可耻的欺骗行为，作弊者应受到严厉的惩罚。"

如果你决定不作弊，为了减少认知失调，你会让自己确信作弊是一种无耻的欺骗行为，为了做一个正直的、自律的人，放弃一个好分数是值得的，作弊者应当受到严厉的惩罚。

尽管最初面临的处境是一样的——纠结要不要作弊。然而，最终的决定却使得你对作弊的态度大相径庭。为此，心理学家特意设计了一个实验对这一情形进行验证。

被试是一组六年级的学生，研究者在实验开始之前测试了他们对欺骗的态度，之后让他们参加竞争性考试，并宣布优胜者会获得奖励。考试是提前设计好的，不作弊的话几乎不可能胜出。结果正如预想中的那样，有些学生选择了作弊，有些学生坚持不作弊。

第二天，研究者让被试学生说明他们对作弊的看法。结果，那些抵制作弊的学生，认为欺骗行为要严惩；那些作弊的孩子，则对欺骗行为表现得比较宽容。

由此可见，我们对于欺骗的态度会因所作出的决定而迥然不同。

35 | 明明就是很无聊，为何非要说有趣？

没有充分的理由，只能自我安慰

你来到一位客户的办公室，看到桌子上摆放着一个木雕，它的做工比较粗糙，样子也很怪异。你刚要开口评论这个木雕，客户就笑着把它拿起来，自豪地说："不错吧？这是我自己做的！"你会怎么回应呢？不出意外的话，你应该会顺应客户的话说："嗯，是挺不错的！"

从理论上来说，你的认知"我是一个诚实的人"与"我说木雕很不错，其实它很粗糙，我分明是在撒谎"之间是矛盾的。为了减少认知失调，你会这样辩解："伤害别人是不对的，我之所以撒谎说木雕不错，是不想伤害客户的自尊心，告诉他木雕难看没有任何益处。"

这种对自我行为的辩护，是根据具体情境而定的，通常被称为"外部理由"。但是，如果情境本身缺少充分的理由，我们又会如何辩护呢？

当人们说出或做出一些外部难以证明（没有充足理由）的事情时，为了减少认知失调，人们就会给出内在理由，即通过改变态度来证明自身行为的合理性。

费斯廷格与他的学生设计了一个著名的实验：

让被试在1小时之内一直执行一些无聊的任务，如反复旋转木头把手。实验结束后，研究者告诉被试，这个实验关注期望如何影响绩效，同时还让被试撒谎，告诉正在等候参加实验的一位女士，她即将要做的事情很有趣。有些被试在撒谎后得到了20美元的报酬，有些被试只得到了1美元的报酬。

实验结束后，研究者询问说谎的被试对于实验中所做的事情感觉如何。得到20美元的被试认为，这个实验无聊透顶；而得到1美元的被试认为，这项任务令人愉悦。

费斯廷格的实验充分说明，如果行为不能完全用外部报酬或强迫性因素来解释，人们就会通过内部心理活动来证明自己行为的合理性，以减少认知失调。

36 | 要不是他们逼我，我也不会这么做！

犯错的时候，谁都觉得自己是被迫的

一个杀人犯被抓捕后，没有表现出任何的悔意，他嘴里一直念叨："我是被逼的，我是被逼的！他们要是不逼我，我也不会这么做！"

一个偷窃犯被抓后，愤懑不平地说："要是有活路，谁愿意去当小偷呀？这个社会太不公平了，我是真的没选择了。"

一个专门抢劫富人的劫匪，被抓获后也说："抢他是应该的，他的钱不是正经赚来的，都不干净。我把钱给自己、给困难的人，这是劫富济贫。"

是不是觉得这些话听着很熟悉？无论是纪实片还是影视剧里，都会冒出这样的片段。明明犯了杀人、抢劫、偷窃的罪，为什么非要把责任推到他人身上呢？这种行为在心理学上叫作"自我宽恕"，人们对于自己的错误、缺点总是可以很轻易地原谅，而对于别人的却不行。

在与他人发生冲突时，人很难站在客观的立场上审视彼此的错误，往往只会站在自己的立场上，认为自己是正确的，是好人，与自己对立的都是坏人。哪怕是十恶不赦的人，也会为自己找借口。

每个人的性格里都有不可避免的缺点，但不是人人都能意识到。生活中的很

多纷争就是因为不肯承认自己的错误，非要让对方认错而引起的。如果人人都能做到自我反省，认识到自己的错误，敢于承认，积极改正；对他人多点儿理解，多点儿宽容，世间就会少很多纷争。

CHAPTER 4
喜欢一个人真的不需要理由吗?

——没有无缘无故的吸引与喜爱。

37 为什么爱挑刺儿的人招人讨厌？

没有人喜欢让自己感觉不好的人

陆叶是公司新聘任的设计主管，也是该部门有史以来最不招人待见的一位主管。她经常因为一些无关大局、不影响整体的小细节，当着众人的面指责某个下属能力欠佳，或是嘲讽对方犯低级错误。

设计工作原本就是"烧脑"的活儿，需要专注地思考，现在还要被人横挑鼻子竖挑眼，设计师们都感觉精力耗损严重，有时还要生一肚子闷气。有一位设计师尝试跟陆叶沟通，结果发现，她根本不是就事论事，看待问题、看待别人的视角都是偏激又片面的，冷嘲热讽和批评贬低简直就是一种惯性行为。

陆叶总是摆出一副颐指气使的样子，批评人时直呼大名，话语里还透着一丝羞辱："看你做的这设计方案，完全看不出水平高在哪儿！"如果有哪个下属真的犯了错，她一定会借这个机会让对方感到羞愧："你真的意识到后果有多么严重了吗？如果你意识到了，你怎么还能心安理得地坐在工位上喝茶？"

设计部的员工都反映，和陆叶一起工作很容易变得消极，她时不时地打击人，让人渐渐对自己产生怀疑。更重要的是，有这样一位上司，下属们根本不敢放开手脚去做事，一旦被她发现了错误和弱点，她就会公之于众，完全不考虑别人的自尊和感受。

忍无可忍之下，设计部的员工联合起来向公司提出了"集体辞职"的请求，他们也确实做好了这一准备。公司很重视这件事，和几名员工进行了详尽的沟通，了解了事情的原委。最后，设计部的人员留了下来，陆叶离开了。

美国心理学家威廉·詹姆斯说过,人类本性中最深层的渴望就是被别人欣赏。

每个人都渴望成为世界的焦点,都迫切地想要证明自己,感受到自己的重要性,期待被人喜欢。如果你想赢得他人的爱,或是影响他人,就要尽己所能地让对方感觉良好,避免做一些让对方感觉不舒服的事情。学会欣赏他人,可以避免麻烦;总是给人挑刺儿,则会招人厌烦。

心理学家指出,与具有不愉快特征的人相比,人们更喜欢具有令人愉快特征的人。

你在生活中是不是也有这样的体会:更喜欢同意自己意见、支持自己的人,不喜欢经常跟自己唱反调的人?更喜欢欣赏自己的人,不喜欢贬低自己的人?更喜欢与自己合作的人,不喜欢处处与自己竞争的人?更喜欢赞美自己的人,不喜欢总挑剔自己的人?

简言之,我们喜欢那些以最低成本为自己提供最大回报的人。

38 | 如何在茫茫人海中找到另一半？

恋爱在你身边发生的可能性最高

"你现在还单身吗？"

"是呀，还单着呢！"

"没有遇到合适的人吗？"

"生活圈子有限，除非去婚恋网上找。"

"用不着大海捞针，多留意一下身边的人。"

多留意身边的人，这个建议靠不靠谱呢？

从心理学来说，人与人之间的相互吸引和喜欢，以地理距离的接近为首要条件。

有一项针对情侣们相识场所的调研结果显示，排名靠前的几个场所分别是"职场或工作相关场所""打工场所""学校"等。在问卷调查中，有69.6%的人表示其初恋对象是学校的同级同学，其中有51.2%的人表示自己的初恋是同班同学。

很多时候，爱人不在远方，也许就是眼前人。

CHAPTER 4
喜欢一个人真的不需要理由吗？

39 | 人与人之间，真的会日久生情？

INTRODUCTION TO PSYCHOLOGY

人们偏好自己熟悉的事物

20世纪60年代，社会心理学家罗伯特·扎荣茨开展了一项有意思的实验：

研究员准备了一本毕业纪念册，并且确定被试们不认识照片中的任何一个人，然后让被试观看。在看完毕业纪念册之后，研究员又让被试看一些人的照片，这些照片有的在纪念册里只出现了一两次，有的出现了十几次、二十几次。之后，研究员让被试评价他们对照片的喜爱程度。

实验结果显示：在毕业纪念册里出现次数越高的人，越受被试喜欢；比起那些只看过一两次的陌生面孔，被试明显更喜欢那些看过二十几次的熟悉面孔。可以说，看的次数增加了喜欢的程度，扎荣茨把这个现象称为"曝光效应"。

曝光效应，是指只要一个事物不断在人们眼前出现，人们就会更有机会喜欢上这个事物。

热衷于实验研究的扎荣茨，还开展过一项逻辑更为复杂的实验：

研究员安排被试随机从一个房间到另一房间品尝不同口味的饮料。在每一个小房间里，被试和其他被试相遇的次数是不一样的，他们在参与实验之前相互都不认识，只是一起品尝饮料时，彼此之间会有短暂的接触，但没有交流。实验结束后，研究员让被试进行相互评价。

结果显示：对于那些相遇次数较多的人，被试给予的评价更高；对于那些相遇次数较少的人，被试给予的好评较少。这一结果不受饮料口味的影响，仅仅是"相遇次数"这一因素所致。

为什么曝光效应会影响人们的感知呢？

进化心理学家推测：人类在长期的进化过程中形成了一种根深蒂固的认知倾向，即熟悉的东西相对安全，不熟悉的东西可能会有危险。面对陌生的事物，人们要么通过一系列的认知操作将其纳入自己已有的认知结构中，要么改变自己的认知来处理新信息。频繁的人际互动能够增加对对方的了解，并且更容易预测对方的行为，从而让彼此的交往更有安全感，无须长时间处于戒备的状态。

40 | 异地恋的情侣，为什么很难走下去？

在爱情面前，距离是头号敌人

接近性是人际吸引的一个重要因素，两个人之间离得越远，感情越容易淡漠；离得越近，越容易感到亲近。地理距离的接近之所以能够加深彼此的情感，与易得性密不可分。

什么是易得性呢？举个简单的例子，你在生活中遇到了困难，需要有人帮忙或陪伴，给离得近的人打一个电话，对方可能20分钟就赶来了，可以立刻满足你的需要。如果身处异地他乡，即使对方内心很惦记你，但他也无法跨越地理上的距离，快速出现在你面前。

为什么同事之间容易成为朋友，甚至发展成恋人，而异地恋却很容易无疾而终呢？

爱情与距离成反比效应，这在心理学上被称为"博萨德定律"。

美国心理学家博萨德曾经进行过一项调查，被试是5000对已经订婚的情侣。结果发现，两地分居的情侣，最终结婚的概率很低。由此可见，距离是爱情的头号敌人。

异地恋分手的问题，不仅是地理距离所致，更受到功能性距离的影响。

功能性距离，是指两个人生活轨迹相交的频率。

异地恋刚开始时，情侣之间往往不会出现太大的矛盾，因为两个人联系的频率较高，虽然不在同一个地方，可彼此都知道对方在做什么，生活轨迹基本上可以保持一致。

随着时间的推移，情况会慢慢发生变化，彼此之间的功能性距离开始增大：你空闲的时候，想找对方聊聊天，对方却半天都不回复消息，电话也打不通；对方在工作上碰到了闹心的事，你不清楚状况，上来就指责对方说话的语气不好……这样的情况发生多了，彼此就会失去交流的欲望，甚至觉得对方可有可无，情感自然也就变淡了。

41 | 酒逢知己千杯少，话不投机半句多？

每个人都喜欢与自己相似的人

提起高山流水遇知音，我们就会想到俞伯牙和钟子期的典故。

俞伯牙是春秋战国时期的一位琴师，他善弹七弦琴，技艺高超，在当时极负盛名。俞伯牙喜欢大自然，经常能够从中获得创作的灵感。不少人听到他的美妙琴声都赞许不已，可他心里清楚，他们并没有真正听懂自己的琴声。不过，俞伯牙并不在意，继续在游历的途中听海水澎湃、群鸟悲鸣、花草低语，期盼着有一日可以遇到真正懂他琴声的人。

后来，俞伯牙奉命出使楚国。当船只抵达汉阳江口的时候，风浪太大无法前行，他只好把船暂时停靠在一座小山下面。到了晚上，风浪渐渐平息，云开月出，夜色朦胧。情感细腻的俞伯牙望着眼前的景色心中有感，便抚琴一曲，不料一曲未终，琴弦却断了一根。

此时，一个眉清目秀的青年男子站在月光下，他说自己是入山砍柴的樵夫，因觉得琴声甚是美妙，就停了下来。俞伯牙让他说说从刚刚的那首曲子里听到了什么。没想到，对方竟然把曲中意象说得极通透。俞伯牙邀请樵夫上船，换上琴弦重新弹奏，对方对所听到的曲子理解甚深。俞伯牙很高兴，请教对方的名字，他就是后来我们都知道的——钟子期。

两人相见恨晚，并结拜为兄弟，相约第二年再见。遗憾的是，当俞伯牙来年如期到了约定地点时，却未见钟子期，打听后才得知对方已去世。俞伯牙十分心痛，带着自己的琴来到钟子期的坟前，为生前的知己弹奏一曲。一曲终了，他断弦绝音，决意此生不再弹琴。因为没有了知音，再弹下去的话，他会更加思念钟子期，平添无限的伤感。

一位是琴技高超的音乐家，一位是靠砍柴为生的樵夫，他们之所以可以成为知己，是因为彼此对于乐曲都有着高超的鉴赏力，且彼此都感知到了这份相似性。

在人际交往中，人们往往喜欢在信念、价值观、态度、个性特征、年龄、社会地位、地域等方面与自己相似的人；对方与自己的相似性越高，对对方的好感度就越高。

为了证实相似性具有吸引力，社会心理学家开展了多项实验研究：

在普渡大学，研究员刻意安排一些社会政治观点相似或不相似的男生和女生进行盲约。他们让配对学生在学生会里一边喝饮料一边聊天，相互了解。当45分钟的盲约结束后，研究员发现：观点相似的学生比不相似的学生更加喜欢对方。

在堪萨斯州立大学，研究员要求13位男性被试挤在防空洞里，共同相处10天。在此期间，研究员不断考评他们彼此之间的情感变化。结果发现：能够融洽相处的人，往往都是拥有诸多共同点的人。这些被试还表示，如果可以的话，他们特别希望把那些与自己"格格不入"的人赶出防空洞。

为什么感知到的相似性会使人产生吸引力呢？原因主要有两点：

1. 相似的人容易组成一个群体

人们渴望通过建立具有相似性的群体以增强对外界的反应能力，保证反应的正确性。在与自己相似的集体中活动，个人的阻力比较小，活动也更加顺利。

2. 满足"自我正确"的愿望

与自己三观相似的人交往,可以为我们的信仰提供社会验证,沟通时较容易得到对方的肯定与支持,较少出现争辩的情况,满足了我们"自我正确"的愿望。

42 | 美女爱上的野兽,最后为何要变成王子?

人会选择与自己匹配的人

关于美女和野兽的故事,一直流传着多个不同的版本,流传较广的是迪士尼公司出品的动画电影《美女与野兽》,它的故事梗概是这样的:

贝儿的父亲不小心闯进了野兽的领地,被囚禁在野兽的城堡里。为了营救父亲,贝儿独身一人前往野兽的古堡。野兽提出,如果贝儿答应与它同居于此,便放她父亲回家。贝儿同意了,但她在这里生活得并不开心。

终于有一天,贝儿等到了一个逃跑的机会,不料却遇到了凶狠的狼群。在危难之际,野兽及时出现并解救了贝儿,但它自己却受了伤。贝儿很感动,便留下来照顾野兽。

镇上有一个名叫加斯顿的英俊男人,他很自恋,且擅长打猎。镇上的每个女人都喜欢他,可他认为只有贝儿配得上自己。不幸的是,他怎么都得不到贝儿的芳心,因为贝儿认为他缺少内涵。后来,当他得知贝儿喜欢上了城堡里的野兽时,就欺骗镇上的人说野兽会威胁小镇的安全,并带领镇上的暴民去杀野兽。

野兽倒下了,贝儿伤心地亲吻了它,做最后的道别。没想到,野兽因为这一吻,解除了被仙女施加在身上的魔咒(惩罚他的自私与冷酷),重新复活并变回了王子的模样。

贝儿不喜欢加斯顿,是因为她觉得这个人金玉其外,败絮其中;她会喜欢上野兽,是因为看到了野兽的善良和美好的品行。这样的情节安排,比较符合"不单纯看重外貌"的思想观念，可在故事的最后，野兽还是因为公主的亲吻变回了王子的模样；而人们在看到这一结局时，似乎也觉得更加"圆满"，这是为什么呢？

美国心理学家伯纳德·默斯坦等人的研究表明，人们在选择朋友、约会对象或终身伴侣时，倾向于选择那些在智力、自我价值、受欢迎程度和外表吸引力方面都能与自己匹配的人。

贝儿是一个漂亮且有内涵的女孩，野兽也有着勇敢、睿智和善良之心，只是两个人在外表吸引力上相差甚远。不过，当外表吸引力较差的一方具有其他方面的美好特质，也可以对外表进行补偿。现实中我们也看到过这样的现象，一对夫妻的外表吸引力并不相配，但他们相濡以沫地生活了几十年。

这就相当于两者将自己的资本拿到社会市场，对各自资本的价值进行合理匹配。正如埃里希·弗洛姆在《健全的社会》中所说："爱情只不过是一种让双方感到满意的交换，双方在权衡了各自的价值后，都得到了自己所期望的主要东西。"

童话总是希望勾勒出最美好的画面，让野兽恢复成王子的模样，让他和贝儿在相貌、品行上都保持高度匹配，这样更符合理想化的模型。从心理学的角度来说，这样的剧情设计并不完全是幻想，而是有科学道理的。

美国加州大学洛杉矶分校的研究员格雷戈里·怀特开展过一项调查，试图研究年轻情侣之间相对长期的关系。结果发现：外表上的匹配有利于关系的进一步发展和维持；9个月后，那些外表吸引力高度接近的人们，更有可能发展成恋人关系。

43 一个人越完美，越招人喜欢吗？

太完美的人，让人感觉不真实

为了那场别开生面的婚礼，女主人公米琪煞费苦心地准备了很长时间，为了可以穿上那件美丽的婚纱，她竟然连续三周都没有吃过固态的食物。当然，她不是单纯为了结婚这件事情才展现出超强的意志力，事实上，她对自己一贯都很严苛。米琪家境优渥，接受过良好的教育，人长得也很漂亮。不仅如此，大学毕业后，她又嫁给了心仪的男人，着实令人艳羡。

婚礼过后，米琪开启了她的新一段征程，努力成为一个完美的妻子。她把生活打理得井井有条，全身心地支持丈夫的工作，协助迷上戏剧表演的丈夫精进他的演出。她对自己形象的把控，更是到了令人咋舌的地步。

为了维护在丈夫心中的完美形象，她每天晚上要等丈夫熟睡后才去洗手间卸妆、护肤、卷好头发，再把窗帘往上拉开一点点，才开始休息。第二天早上，当第一缕阳光透过窗帘的间隙照到米琪的脸上时，丈夫还在酣睡，而她却悄声起来去洗手间，取下卷发器、化妆，以精致的形象重回卧室，把窗帘放下，躺回床上，装作熟睡的样子。待闹铃响起，她装作没有听见，等丈夫叫醒自己。婚后的米琪一直如此，始终以最精致的样子出现在丈夫面前。

为了保持身材，米琪每天用尺测量身体；平日里出行，她也要求自己从头到脚必须精致。世俗中定义的幸福，米琪似乎都已经拥有：舒适的大房子、工作稳定且体面的丈夫、一双可爱的儿女、优秀出众的自己……俨然就是人生赢家。

直到有一天，米琪的丈夫邀请朋友观看自己的脱口秀演出，没想到他却搞砸了。心中涌起怒火的他，冲回家收拾自己的衣物，并告诉米琪，他和秘书在一起了。对，就是一个连电动卷笔刀都不会用的女孩。

不知道有多少人被这样的想法纠缠过：如果我足够完美，就会赢得更多的喜爱。然而，米琪的经历告诉我们，这似乎只是一厢情愿的想法。那么，完美与被喜爱之间，到底是一种什么样的关系呢？

心理学家做过一个有趣的实验，他们给被试播放了四段情节相似的访谈录像：

录像1：一位在所从事的领域内获得了辉煌成就的精英，在接受主持人的访谈时，显得格外自信，且谈吐不凡，没有任何的羞涩感，台下的观众不时地为他鼓掌。

录像2：一位同样出色的精英，在接受访谈时略显羞涩，尤其是主持人向观众介绍他的成就时，他竟然紧张得把桌子上的咖啡碰洒了，主持人的衣服也因此被弄脏。

录像3：一位普通人接受访谈，与前面两位精英相比，他没有什么特别的成就。在整个采访的过程中，他表现得也很轻松，只是没有太多吸引人的地方，略显平淡。

录像4：同样是一位普通人接受采访，他表现得非常紧张，且和第二位精英一样，不小心把身边的咖啡杯碰倒了，弄脏了主持人的衣服。

播放完这四段录像后，心理学家让被试从四个人中挑选出自己最喜欢和最不喜欢的。

实验结果显示：几乎所有被试都不喜欢第四段录像里的那位打翻咖啡杯的普通人，而多数被试都喜欢第二段录像里那位打翻了咖啡杯的精英。

通过这个实验，心理学家提出了著名的"破绽效应"，即才能出众的人偶尔犯点儿小错误，可能会让人更喜欢他们，因为他们显露出了平凡的一面，让人感

到安全和亲切；相反，过于完美的人设，往往会让人感觉不真实。

对于那些取得了显著成就的人来说，偶尔出现打翻咖啡杯这样的小失误，不仅不会被人诟病，还会让人觉得他们很真实，值得信任。如果一个人表现得过于完美，没有任何可挑剔之处，反倒会让人觉得不够真诚。毕竟，没有谁是完美的。

破绽效应的产生需要一定的条件：犯错误的人必须具备非凡的才能，而不是一个能力平庸者，且他只是偶然犯一些无伤大雅的错误。如果一个才能平庸的人总是小错连篇，这样的人多半是不招人喜欢的。破绽效应告诉我们，不要过于苛求完美，修炼自身、提升能力固然重要，但也得接受自己是一个普通人，会犯一些无关痛痒的小错误。你的人格魅力不会因此减分，反而会让周围人对你产生亲近感。

44 | 男性和女性相比，谁更以貌取人？

男性和女性都看重外貌吸引力

英国女王曾在给威尔士亲王的信中写道："穿着显示人的外表，人们在判定人的心态以及形成对这个人的观感时，通常都凭他的外表，而且常常这样判定，因为外表是看得见的，而其他则看不见，基于这一点，穿着特别重要。"

看到这些话，你可能会想到，这不就是以貌取人吗？

嗯，没错，的确是以貌取人。听起来似乎有一点肤浅，毕竟我们一直以来接受的教育和观念都是与之相悖的。但遗憾的是，不管我们承认与否、乐不乐意，外貌的作用都是不可小觑的。

每个人都有呵护美、向往美、追求美的心理，这种心理引导着人们积极地爱美、扮美、学美，现实中的人们也总是对美的事物或人产生好感。

社会心理学家研究证实，一位年轻女性的外表吸引力可以在一定程度上预测她的约会次数。某位女性外表的吸引力越大，男性就越喜欢她，并且越愿意与她继续约会。

在婚恋交友的问题上，是不是男性更看重外貌，女性则更关注对方的内在呢？

人类是视觉动物，都会对美的事物产生好感，预期的外表吸引力对男性

和女性而言同样重要。这是铁一般的事实，也是无法改变的人类大脑的自然反应。

我们不能拒绝承认现实，否定"颜值"的重要性，它如同一个通行入口，哪怕是藏有黄金宝物的王国，也需要一扇华丽的大门，引人去探索和挖掘。

45 | 长得好看,可以当饭吃吗?

是的,可以当饭吃

回想小学时代,班里的一位女同学长得很好看,又十分爱打扮,每天都穿着漂亮的连衣裙去上学。但是,她的学习成绩不太好,每次考试都在及格的边缘。有一次,老师看着她的卷子,冷冷地说了一句:"把臭美的心思多用在学习上,好看能当饭吃吗?"

多花点心思对待学习没有错,至于好看能不能当饭吃,还真的有必要探讨一番。

爱美是人的天性,而以貌取人也是人的本能。只不过,几十年前的社会相对传统,颜值的价值还没有被充分利用。现在,互联网经济飞速发展,靠颜值"吃饭"的网红比比皆是。即使是普通的上班族,也越发注重个人的形象,希望能给自己增添一些竞争力。

那么,美貌能不能成为一种竞争优势呢?

著名劳动力经济学家丹尼尔·荷马仕指出,颜值和终生劳动力总收入呈较强的正相关,并提出"美貌经济学"的概念,即那些拥有良好外表的员工比长相平庸的同事享受更高的工资、更多的额外津贴,以及更好的特殊待遇。

《经济学快报》的一篇文章称:

研究人员曾在求职网站发布了数千份简历,这些简历都附带照片(有些照片是假的）。研究人员把这些照片分成两类，一类是不太有吸引力的面孔，一类是有吸引力的面孔。有时，研究员会将同一份简历发布两次，一次附带相貌较好的照片，另一次附带长相普通的照片。结果显示，有吸引力的女性和男性均比没有吸引力的女性和男性更有可能接到面试邀请。这项研究发现，总体来说，有吸引力的人比没有吸引力的人多收到36%的回复。

与此同时，韩国的一篇研究论文指出，颜值最高的男性收入比颜值中等的男性收入高15.2%，颜值最高的女性收入比颜值中等的女性收入高11.1%。❶

大量的经验和研究表明，拥有外表吸引力的人在事业上会比其他人更顺畅，会获得更高的工资，且比其他人更快地得到晋升。从这个角度来说，长得好看的确可以当饭吃。

---

❶ 福卡智库，《观点：颜值经济盛行，谁在改变颜值？》，澎湃新闻网，2020年2月17日。

CHAPTER 4
喜欢一个人真的不需要理由吗?

46 漂亮的人一定有美好的特质吗?

当心落入美貌偏见的圈套

俄国文豪普希金曾经疯狂地爱上了"莫斯科第一美人"娜塔丽娅,并与她结为连理。

娜塔丽娅长得非常漂亮,但她和普希金在志趣方面差异甚大。每当普希金把写好的诗读给她听时,她总是露出不耐烦的表情,捂着耳朵说"我不要听"。她更热衷于让普希金陪着她出去游玩、参加豪华的宴会。

为了让娜塔丽娅高兴,普希金丢下了创作,弄得债台高筑,最终甚至为她决斗而死。文坛上的一颗璀璨巨星,就这样令人惋惜地陨落了。

普希金的悲剧并不是一个意外,因为他从一开始就落入了美貌偏见的圈套。

美貌偏见,是指人们看到外貌美丽的人时,往往会认为他们同时拥有其他美好的特点,如自信、忠诚、善良等;在不确定谁该为不幸事件负责的模糊状态下,人们更倾向于假定他们是无辜的。

在普希金看来,像娜塔丽娅这般漂亮的女人,应当有着非凡的智慧与高贵的品格,可惜这不过是他的主观臆测罢了。之所以会出现这样的误判,与美国心理学家爱德华·桑代克所说的"晕轮效应"有很大的关系。

桑代克认为，人对事物的认知和判断往往是从局部出发，然后扩散得出整体印象，但这些认知和判断就像模糊不清的晕轮，常常是以偏概全的。当一个人的某种特质给人留下非常好的印象时，在这种印象的影响下，人们对这个人的其他特质也会给予较好的评价。

晕轮效应会使人的心理产生巨大的认知障碍，让人很容易抓住事物的个别特征，习惯以个别推及一般，就像是盲人摸象，容易把本没有内在联系的一些个性或外貌特征联系在一起，断言有这种特征必然会有另一种特征。

要避免落入美貌偏见的圈套，克服晕轮效应的副作用，以下三点务必注意：

1. 不要以偏概全

在评价一个人时，不能只看长相和穿着，还要尽可能多地了解对方的行为和品质。如果总是由表及里来推断，往往会产生偏差，没办法真正看清一个人。

2. 避免投射心理

看到某人做了一件好事，就想当然地认为其品质优良，这完全是将自己的意愿强加在他人身上，产生了投射。这是不理性的行为，不加以注意的话，很容易陷入晕轮效应。

3. 停止循环论证

当我们对某人产生了偏见，就会寻找各种理由来证实这一偏见。这种异常的举动被对方发现后，必然会引发对方的不满情绪，要么疏远你，要么敌视你。对方的这种反应又会加深我们的偏见，最终陷入恶性循环。

47 | 怎样才能让人愿意继续和你交往？

初次见面时给对方留下一个好印象

心理学家做过一个实验，让下面的4个人同时在路边搭车：

A：戴着金边眼镜、手里拿着文件夹的青年学者。

B：打扮时尚、身材样貌出挑的年轻女孩。

C：拎着塑料袋、满脸疲惫的中年妇女。

D：染着彩色头发、穿着邋遢的男青年。

结果显示，青年学者和年轻女孩搭车的成功率最高，中年妇女稍微困难一些，至于那个邋遢的男青年，几乎没有人愿意搭载他。这个实验说明，不同的外表象征着不同的人，随之也就有不同的际遇；给人留下什么样的第一印象，会影响后续交往的顺利程度。

美国心理学家洛钦斯认为，人与人第一次交往时给人留下的印象，在对方的头脑中占据主导地位。第一印象比以后接触中得到的信息作用更强，持续的时间也更久，这种现象被称为"首因效应"。

心理学家通过实验对首因效应进行了验证：

研究员将被试分为两组，向他们出示同一张照片。接着，研究员告诉A组被试，照片中的人是一个屡教不改的罪犯；告诉B组被试，照片中的人是一位有名的科研人员。之后，研究员要求被试根据照片上的人的外貌特征，分析他的性格特征。

A组被试的分析结果是——"眼睛深陷，隐藏着几分凶狠的杀气；额头高耸，带着几分不知悔改的决心。"B组被试的分析结果是——"目光深沉，能够折射他的深邃思想；额头饱满，诠释出苦心钻研的意志。"同一张照片，得到的评价大相径庭。

第一印象的形成速度非常快，塔夫茨大学的心理学教授纳利尼·阿姆巴迪认为，这是人类为了生存而形成的一种快速判定环境危险与否的潜力。通常来说，外表吸引力对于第一印象的影响最大，尤其是在快节奏的社会，人与人之间的接触越来越短暂，人们更倾向于依靠外在的形象对他人进行评价。

初次见面，如果你给对方留下了不错的第一印象，那么对方在后续的接触中，会更倾向于挖掘你身上的优良品质；反之，如果你给对方留下了不好的第一印象，对方在后续的交往中，则会更多地关注你身上的缺点与不足。这也提醒我们，在日常交友、求职、谈判等社会活动中，一定要把自己最好的一面展示出来，为日后的深入交往奠定基础。

48 | 为什么我们会被某些人吸引?

因为TA对你有奖赏意义

你有没有想过一个问题:为什么你会和现在的伴侣在一起?为什么你会被TA吸引?

你可能会说,对方长得漂亮、性格乐观、思想深邃等。不可否认,这些特质是吸引人的一些因素,但这个世界上拥有同类特质的人很多,为什么你偏偏被TA吸引了呢?

我们经常会忽略一个问题,吸引涉及的对象是两个人——吸引者和被吸引者。如果让社会心理学家来回答上述的问题,他们多半会告诉你——"我喜欢TA,是因为和TA在一起让我感觉……"

社会心理学中的奖赏理论认为,我们之所以会被某些人吸引,是因为对方的出现对我们有奖赏意义。简言之,我们喜欢能够给自己带来奖赏,或是那些与奖赏事件有关的人。

吸引力的基础是一种奖赏,这种奖赏分为"直接奖赏"与"间接奖赏"两种。

直接奖赏,是指在和他人交往的过程中,对方为我们提供的显而易见的愉悦。

富有魅力的个性特征、物质上的利益和便利、言行上的认同与赞美，都属于直接奖赏。对方为我们提供的直接奖赏越多，对我们的吸引力就越大。

间接奖赏，是指仅与他人有关的间接利益，这种奖赏是微弱的、不易觉察的。

我们都喜欢和自己相似或志同道合的人，容易被积极、热情、可靠的人感染；遇到同年同月同日生的人，也会产生更多的亲近感；那些喜欢我们的人，也会对我们产生吸引力。

无论友情还是爱情，都遵循同一个原理：与对方交往所得到的奖赏大于付出的成本，才能让这段关系继续下去。为对方提供的情绪价值、幸福体验和社会性帮助越多，对对方的吸引力就越强；总是争吵不断、彼此消耗，吸引对方的能量就会逐渐减弱，当吸引力趋近于零，关系也就走到了尽头。

49 | 你拥有的爱情是完满的爱情吗？

认识爱情的七种类型

爱情是一个永恒的话题，也是一种美好的情感，在个人生活中占据着重要的地位。由于研究比较困难，心理学界对爱情的理论解释大都基于科学的验证研究，目前比较受重视的爱情理论是斯滕伯格的爱情三元论。

美国心理学家罗伯特·斯滕伯格认为，爱情由三个核心成分组成：亲密、激情和承诺。

亲密，爱情关系中的温暖体验，包括热情、理解、支持、交流和分享等。
激情，爱情关系中的性欲成分，以身体的欲望激起为特征，是情绪上的着迷。
承诺，爱情关系中的理性思考，愿意投身于爱情，和所爱的人保持并主动维持这种感情。

斯滕伯格认为，世间的爱恋通过这三种元素的组合，形成了不同类型的爱情关系。

喜欢式爱情——只有亲密，没有激情与承诺：像朋友或熟人一样的关系。
迷恋式爱情——只有激情，没有亲密与承诺：初恋时的感情，受到本能牵引。

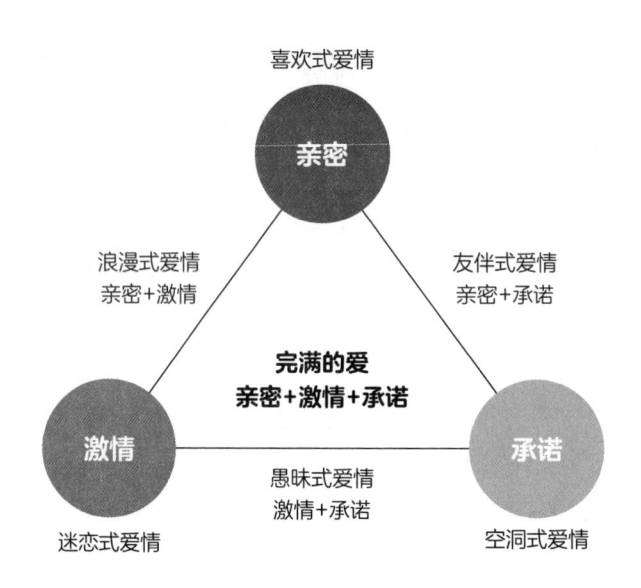

```
              喜欢式爱情
                 亲密
   浪漫式爱情         友伴式爱情
   亲密+激情         亲密+承诺
          完满的爱
         亲密+激情+承诺
   激情                承诺
         愚昧式爱情
         激情+承诺
   迷恋式爱情         空洞式爱情
```

空洞式爱情——只有承诺，没有亲密与激情：像包办婚姻，为了结婚而在一起。

浪漫式爱情——只有亲密+激情，没有承诺：一夜情，只崇尚过程，不在乎结果。

友伴式爱情——只有亲密+承诺，没有激情：没有感觉，只有责任和义务的婚姻。

愚昧式爱情——只有激情+承诺，没有亲密：闪恋闪婚、一见钟情等。

完满式爱情——亲密+激情+承诺：人们向往的理想关系，陷入爱河之后还能长久地保持良好的关系，享受在一起的美好时光，携手解决生活中的难题。

当我们学会用罗伯特·斯腾伯格的爱情三元论来看待某些感情时，往往会发觉许多人错误地理解了"爱情"。亲密是温暖的，激情是热烈的，承诺是冷静的，真正的爱情应当同时具备这三个要素，缺少其中任何一个都不能称之为"爱情"。

完满的爱情要以信任为基础，以性吸引和欣赏为催化剂，以承诺为约束，形成活力与稳定并存的情感。这是一项贯穿人生的浩大工程，需要双方用毕生的精力去培育、去呵护。正如弗洛姆所说，爱是一种能力。短暂的爱（falling in love）和持久的爱（being in love）是有区别的，前者往往与性的吸引力相关，而后者是需要学习的"技艺"。

50 | 找到了所爱之人，就会感到踏实吗？

那要看你是哪一种依恋类型了

大学毕业后，小莉遇到了现在的爱人。他给了小莉很多鼓励、支持和肯定，让她觉得自己是有价值的。她很迷恋这种感觉，也很享受这样的关系，他的出现弥补了小莉在原生家庭中所缺失的被尊重、被认可的心理需求。

后来，他们结婚了。可是，小莉并没有感到安心，反而比过去更焦虑了。她在乎他，也在乎这段感情，可越是在乎，就越怕失去。在不安全感和焦虑的怂恿之下，小莉不断地讨好他，表现出他喜欢的样子，她害怕分离，甚至在他出差的日子里寝食难安。

遇到一生所爱，与之携手相伴、共度余生，这是多少人心中渴望的归宿。可是，看到上面的这个案例时，我们不难发现，不是所有人在确立亲密关系之后，都会感到安全和踏实，也有一些人会感到强烈的不安，这是为什么呢？

一个人能否在亲密关系中体验到安全感，与其依恋类型密切相关。所谓依恋，是指个体对某一特定个人的长久持续的情感联系。

心理学家认为，个体在出生后会与养育者（通常是父母）产生一种依恋关系，当养育者给予个体无条件的爱时，个体就会形成安全型依恋；当与养育者的关系不确定时，个体就会产生焦虑型依恋，甚至是回避型依恋。

依恋理论，最早由英国精神分析师约翰·鲍尔比提出。第二次世界大战期间，有许多儿童不幸成为孤儿，无人照料。鲍尔比对这些孩子的心理健康状态进行了研究，结果发现：他们在被送进孤儿院后，尽管身体上得到了看护，但心理上仍然存在严重的问题。鲍尔比认为，幼儿需要与至少一个主要的照顾者发展一种关系，以便社交和情感正常发展。

后来，美国心理学家玛丽·爱因斯沃斯又对依恋理论进行了深入的研究，通过家庭和实验室观察，她发明了著名的陌生情境测验来测量婴幼儿与母亲之间的依恋关系。她发现，个体婴幼儿时期与养育者（主要是父母）的互动模式，会影响个体对自我和他人的认知图式，形成其内部认知，贯穿整个人生，并扩展到与其他人的关系。

通过陌生情境测验，爱因斯沃斯将婴儿的依恋类型分为安全型、焦虑型和回避型三种。

1. 安全型依恋

如果个体在婴幼儿时期受到了恰当的照顾，基本需求可以及时得到满足，就会对养育者形成信任，不担心自己被抛弃、被伤害，并认为自己是有价值的、受欢迎的，形成安全型依恋。安全型依恋者可以与他人构建良好的亲密关系，相信自己，也相信他人。

2. 焦虑型依恋

如果个体在婴幼儿时期被情绪不稳定的养育者照拂，无法预测养育者会在什么时候、以什么样的方式回应自己的需求，就会变得焦躁不安，难以对他人形成信任，也难以培养出自信。焦虑型依恋者往往有强烈的不安全感，总担心自己的伴侣不能以对等的方式回应自己的亲密需求，害怕被抛弃。

焦虑型依恋者的痛苦，源于他们对亲密关系的要求太过理想化，希望伴侣永远满足自己的期待，顺从自己的心意，却不曾考虑伴侣的性格特质、真实需求和感受。他们渴望的是一个完美的伴侣，始终跟随自己的节奏，一旦发现伴侣不如想象中那么完美，就会对伴侣、对这段感情产生怀疑，认为伴侣不爱自己，认为自己就要被抛弃。

其实，这一切都是因为他们对自我没有清晰的认知，导致安全感不足。想要消除焦虑，走向安全依恋，需要从内外两方面共同努力：一是培养自我关怀、自我肯定的能力；二是表达自己的真实感受，获取真正需要的东西。

3. 回避型依恋

如果个体在幼年期遭到了养育者的冷漠和疏远，在尝试建立亲密关系的过程中遭到拒绝，他们就会压抑自己的需求。回避型依恋者很难信任他人，总是回避亲密关系，他们的内心存在一个假设：太过亲密或太过依赖一定会受伤，所以不敢轻易投入情感。

回避型依恋者的核心问题在于"不安"，虽然他们在心里构筑起了一面高墙，但其内心深处仍然是渴望与人联结的，只是因为太害怕受伤，才把人际关系推得远远的。

回避型依恋者想要从根本上解决内心的问题，重获安全感，唯一的方式就是建立稳定的关系，不要被自己想象的结果束缚，这个关系不局限于亲密关系，也可以是亲情、友情或咨访关系。就如冈田尊司所言："我们能够选择的不是结果，而是现在这个当下怎么活……一味地逃避活下去是一种方式，放弃逃避、毫不畏惧地面对伤害也是一种方式，就看你怎么选择……但无论如何，就算结果会失败，我们还是有挑战的自由。"

51 | 是什么让彼此的关系越来越亲近？

适度的自我表露，分享私密的信息

生活中有这样一群人，他们明明遇到了喜欢的人，内心也很在意对方，却不愿意进一步交往，甚至会故意和对方拉开距离。之所以这么做，是因为他们害怕继续交往下去会让自己给对方留下的美好印象成为泡影。

那么，把真实的自己藏起来，戴着理想化自我的面具和对方交往，能不能让关系保持一种美好的状态呢？很遗憾，社会渗透理论告诉我们，这么做是无效的。

美国社会心理学家欧文·奥尔特曼和达尔马斯·泰勒在1973年率先提出"社会渗透"的概念，用以概括个体之间从表面化的沟通到亲密的沟通而经历的关系发展过程。他们认为，在关系发展的过程中，自我表露是亲密程度的指标之一，如果两个人之间不共同拥有一些相对秘密的私人信息，彼此的关系就称不上亲密。

美国人本主义心理学家西尼·朱拉德认为，个体与他人交往时，自愿在他人面前真实地展示自己的行为、倾诉自己的思想，就是自我表露。简单来说，就是告诉另一个人有关自己的信息，真诚地与对方分享自己个人的、私密的想法与感觉的过程。

心理学家研究发现：如果一个平时性格比较内向的人坦言，我们的某些东西让他感觉"愿意敞开心扉"，并且分享他的秘密，那么多数人在这种情况下都会感到高兴。对方在进行自我表露之后，我们也会更加喜欢这个人。更具积极意义的是，一个人的自我表露还会引发对方的自我表露，也就是说，人与人之间存在表露互惠效应。

在亲密关系中，自我表露有助于伴侣或夫妻保持长久的感情。

那些经常把自己最隐私的感情和想法与伴侣进行分享的夫妻，对婚姻的满意度普遍较高。毕竟，能够在对方面前真实地展现自己，并且知道真实的自己是被对方接受的，不必担心失去对方的爱，是一种安全的、美好的体验。如果彼此之间总是停留在分享兴趣爱好、日程安排的层面，不去探讨价值观，不敢表露自己的成长环境，不敢让对方看见自己真正意义上的"软肋"，就很难建立起真正的亲密关系。

人与人之间发展亲密关系的关键，在于持续、逐步升级、相互且个人化的袒露自我。当然了，自我表露也需适度，表露的程度最好与对方相当，遵循逐步深入的原则，分阶段地转到更深层次的话题，而不是一次到位。如果一次说得太多，私密信息暴露得太快，容易引起对方的忧虑和不信任感，拉大彼此间的心理距离。

52 | 有更多的选择，是不是一件好事？

过多的选择让人无所适从

假设你遇到了这样一个人：他是你昔日的同学，上学期间就是受人追捧的"校草"，相貌很不错；你们之间有着相似的价值观，兴趣爱好也相投；你对他颇有好感，而他喜欢的也只有你……现在，你打算如何处理和他的关系呢？

也许，你会认为自己遇到了合适的人，打算与他正式交往；也许，你会产生迟疑，不确定他是不是最适合自己的人，又担心会不会遇到更好的人。

在这个物质丰盈、网络发达的时代，我们生活中各个领域的选择范围都在扩大，无论是牛仔裤、奶油蛋糕，还是学校、工作或伴侣。随着选择的增多，我们对完美的期望也越来越高，以至于经常忍不住想：如果再等一等、再找一找，会不会得到更好的？

美国心理学家巴里·施瓦茨指出，人们认为拥有更多的选择比拥有很少的选择好，但实际上，过多的选择可能会让人们变得更加挑剔，对生活的满意度也会下降。

这并不是一个主观的、武断的结论，而是经由多项研究证实的：

从30种果酱或巧克力中作出选择的人，比从6种中作出选择的人选择满意度要低；自主选择下学期学习课程的人，比遵循课程安排的人更容易受到游戏和杂志的诱惑，减少对重要考试的准备；在一系列消费清单中进行选择的人，更少购买口味寻常却健康的饮料。

过多的选择不仅会带来信息超载，还可能会让人无所适从，不去做任何选择。以择偶来说，为了找到那个"最完美的伴侣"，我们不得不权衡和评估如此之多的选择，最终陷入决策疲劳。遗憾的是，许多人并没有意识到这一点，而是沉浸在幻想中不能自拔，错失良人。

53 | 为什么关系再好也得适当保持距离？

靠得太近会成为一种灾难

西方生物学家早年做过一个研究刺猬生活习性的实验：

凛冽的冬日，将十几只刺猬放在寒风呼啸的户外空地上。由于风大且气温低，空地上又没有遮风避寒的东西，刺猬们被冻得瑟瑟发抖。生存的本能促使它们不自觉地靠近彼此，但又因为彼此身上长着尖锐的刺而被迫分开。就这样，经过一次次地靠近和分开后，刺猬们终于找到了一个既可以相互取暖又不会刺伤彼此的距离。

这种情形被社会心理学家称为"刺猬效应"，也叫"距离法则"。

在人际交往中，人与人之间的相处要保持一个适度的距离，太远了会显得关系生疏，太近了会出现摩擦，唯有不远不近才能让双方的关系处在一个和谐、融洽的氛围中。

无论是哪一种关系，都需要保持一定的距离，这份距离就是边界感。失去了边界感，再好的关系也会变成灾难。毕竟，每个人都是独立的个体，只有给自己和他人留有空间，才能把彼此的关系控制在一个相互容纳并相互吸引的范围内。

54 "搭子"是亲密关系的平替吗？

交换关系 ≠ 共有关系

不知道从什么时候开始，"搭子"开始成为一种新型的社交关系，主打垂直领域的精准陪伴，有饭搭子、酒搭子、咖啡搭子、午睡搭子……简直是"万物皆可有搭子"。

人是社会性动物，需要与他人建立情感上的联结，渴望被认同、被关爱。尽管社交网络时代的人们冲破了地理上和空间上的限制，可以实现即时沟通，可是人们却在无形中体验着另一种形式的孤独感。"搭子"的出现，让孤独的现代人填补了时间上的空白，满足了情感的需要，甚至有人感叹：有了"搭子"，还谈什么恋爱、结什么婚呢？

那么，"搭子"是不是亲密关系的平替呢？

假设A是你的"租房搭子"，她从来不收拾厨房，也不倒垃圾，衣服总是扔在客厅的沙发上。你是一个爱整洁的人，忍受不了杂乱，多数家务都是你在做。和这样的"搭子"生活半年，你会不会感觉心烦意乱？

假设A是你的伴侣，你会不会对她的这些行为多一分理解和包容呢？比如，她虽然不擅长做家务，但在工作方面很优秀，你是否愿意多承担一些家务呢？

仅仅做一个简单的对比，我们就能够感受到，"搭子"和"亲密关系"是不一样的，它们是两种完全不同的关系类型——"搭子"是交换关系，"亲密关系"是共有关系。

玛格丽特·克拉克和贾德森·米尔斯对交换关系和共有关系进行了重要区分：

1. 交换关系

交换关系是一种重视互惠的关系，在给每个合作伙伴分配报酬与成本时强调公平性。这种关系就像是做生意，如果不能保持平衡，两个人都会有意见，付出过多的人会感到愤怒，贡献不足的人也可能会内疚。

2. 共有关系

共有关系是双方都不计较的关系，一方会对另一方的需要作出回应。当一方感觉自己需要帮助时，另一方很乐意去帮助他/她。

当一个人把自己付出的每一件小事，以及得到的每一件东西都记在心里时，他/她可能是在告诉你：他/她想要的仅仅是交换关系，而不是共有关系。认清"搭子"和"亲密关系"的区别很重要，以免对"搭子"寄予错误的期待，徒增烦恼。

55 为什么你夸奖了别人，别人却不高兴？

人们喜欢的是赞美，不是虚假的奉承

人们都喜欢把自己的快乐、幸福、价值观建立在他人认可的基础上。当别人的评价对自身有促进作用，即当受到了肯定与赞美时，每个人都会感到愉悦，不免对说话者产生一种亲近感，从而缩短彼此间的心理距离。人与人之间融洽完美的关系，往往就是从这里开始的。

赞美就像是一颗糖，而生活中几乎没有人能够拒绝这一特殊"糖果"的诱惑。戴尔·卡耐基说过："想让别人保持某个正确的行为或想法时，就真诚地表示你的欣赏；想让别人改变某个错误的行为或想法时，就赞扬与此相对的正确行为。"

赞美的积极效用无须赘述，但并非所有形式的赞美都能发挥正面作用。如果赞美不当，把赞美的话说成了奉承话，就会适得其反——明明你夸奖了对方，对方却一脸不悦。

杨思思在电梯里巧遇上司何小姐，她主动搭话说："您这条裙子真好看，是最新款吧？我没见过这种款式呢，跟您的气质挺配的。"何小姐听后，似笑非笑地看了杨思思一眼，说："这条裙子我都买了两年了，经常穿，你没见过吗？"杨思思一脸尴尬。

有人曾说："奉承是从牙缝里挤出来的，而赞美是发自心灵的。"真诚的赞

美，源于内心深处对他人的认可，或者说在他人身上发现了符合自己理想和价值标准的地方。当你与这个人接触时，会不由自主地想要去赞美他的这些优点。这种赞美是热忱的，出于真实的感受，绝对不掺杂任何其他的用心。

奉承不是发自内心对他人的认可和尊重，而是基于内心的某种目的，试图用说漂亮话的方式来获得"回报"。奉承的话往往有些夸张，把只能用一般词语赞美的事物任意地扩大，甚至把他人身上不起眼的一些东西变成优点，这样的赞美听起来就显得有点儿假了。

CHAPTER 5
每个人都生活在偏见之中吗?

——我们终此一生,就是为了走出偏见。

56 | 待人有偏见是缺少教养的表现吗？

教养只是"背锅侠"，"罪魁"是大脑

2017年，加州大学洛杉矶分校的法律系学生达因·苏，计划和朋友度过一个美好的假期。为此，她特意在"爱彼迎"网站上预订了一间小木屋。当日，她和朋友冒着暴风雪，驱车前往小木屋。然而，在临近之时，她却意外收到了木屋主人的短信，声称要拒绝她的预订。

苏非常生气，她把租赁协议截屏发给了房东。可是，房东执意拒租，并给出了决绝的回复："就算你是地球上最后一个人，我也不会租给你的，原因用一个词就可以解释——亚洲人！"

看到小木屋主人的拒租回复，想必你已经嗅到了一股浓烈的偏见气息。

偏见，是指对某个人或某个群体所持有的一种不公平、不合理、负面的预先判断。

偏见会引发诸多负面行为，美国心理学家戈登·奥尔波特在《偏见的本质》一书中，根据偏见的危害程度（逐渐递增），大致将其分为五种：

（1）仇恨言论：公开发表自己的偏见。

（2）回避：对受偏见的群体成员做出回避的行为。

（3）歧视：积极地区别对待受偏见的对象，并对该群体造成伤害。

（4）身体攻击：在情绪激化的情况下，产生暴力行为或准暴力行为。

（5）种族清洗：暴力表达的终极程度，如种族灭绝计划。

不管走到世界的哪一个角落，都无法避开偏见的身影，它几乎存在于所有的文化之中。事实上，每个人在现实中都曾或多或少地将偏见施加于他人。面对这样的情形，我们不禁要问：偏见是怎么产生的呢？

对于这个问题，不少人会联想到教育的失职，或是教养的缺失。其实，教养只是一个"背锅侠"，真正导致偏见的"罪魁"是人类的大脑。

戈登·奥尔波特认为，偏见是人类大脑在进化过程中的副产品，它源于人类常见的一种思维谬误，即过度概括。

大脑看似聪明，但其本性是懒惰的，特别喜欢把相似的事物归为一类，减轻工作负荷。但是，大脑在分类的过程中，往往会产生一些错误的泛化，即把不属于同类的事物分在一起，且在多数情况下都特别顽固，拒绝改变。哪怕遇到的事实依据可以把预先的分类标准推翻，大脑也会把不符合的个例当成特例，依旧保持原来的分类。正是这种原本为了节省认知资源而产生的功能，把我们推入了偏见的旋涡。

人性中自然且正常的本能，致使我们容易做出泛化和概括，自然也就不可避免地产生非理性的分类。即使没有事实根据，我们也会根据传闻、情感投射和幻想形成偏见。说到底，偏见和教养没有任何关系，人类天生就有产生偏见的倾向。

57 为什么要区分"我们"和"他们"?

这是刻在基因里的部落心态

网络上曾经疯传过一段视频,内容是一位地铁工作人员和一位乘客发生了语言上的冲突,地铁工作人员用带有地域歧视的话羞辱乘客是"外地人"。这个视频一经流出,立刻在网络上引起一片哗然。

关于"本地人"与"外地人"的话题,一直以来都是争论的热点,也是极易引发冲突的导火索。这一问题涉及地域差异和人文差异,不少学者对此都进行过探讨,感兴趣的朋友可以去查阅和浏览。如果从社会心理学角度来说,它涉及的是群体分类的问题。

现实生活中,群体的存在形式多种多样,不同的社会群体凸显着不同的结构和功能,对其成员的作用和影响也不一样。"本地人"和"外地人",就是根据群体的心理归属划分出的"内群体"和"外群体"。

内群体,是指一个人所属的且对其有认同感和归属感的群体,也称为"我们",成员之间有亲密感和认同感。外群体,是指内群体以外的所有社会群体,是人们没有参与也没有归属感的群体,也称"他们"。为什么要区分"我们"和"他们"呢?这样做有何意义呢?

心理学家亨利·泰弗尔提出的社会认同理论指出,人们通过社会分类对自己的群体产生认同,并产生内群体偏好和外群体偏见,通过实现或维持积极的社

会认同来提高自尊，积极的自尊来源于在内群体与相关外群体之间进行的有利比较。

泰菲尔研究发现，一旦把人们分成不同的类别，我们的头脑就会自动夸大"我们"和"他们"之间的差异，从而忽略那些相似的地方。我们倾向于把"群内人"视为一个独特个体的集合，而把"群外人"视为更相似的人——"他们都是一样的"。所以，人们对于外群体通常怀有蔑视、厌恶、回避或仇视心理，没有互动、合作、同情心，对其成员怀有偏见和疑问。

群外人真的是一样的吗？当然不是，这完全是一种感知缺陷，也是人类在进化过程中刻在基因里的部落心态：一看到不熟悉的人，就立刻对其进行归类——他危险吗？他有敌意吗？他是"我们"的一员还是"他们"的一员？为了生存，我们必须保持这样的警惕，以此保持部落的高度凝聚力，共享资源，共受保护，共同抵御随时可能会降临的外部威胁。

尽管部落心态是一种天性，但"我们"与"他们"的这种划分也是相对的，两者之间的界定是不断变化的，在一定条件下，内群体与外群体之间也可能发生相互转化。

58 | 当一个人被社会排斥时会发生什么?

被排斥的痛苦会增加人的攻击性

事件发生在1999年的春天,4月里平凡的一天,埃里克·哈里斯和迪伦·克莱伯德故意比平时晚一些到达学校。看起来像是平常的迟到,其实背后隐藏着一个巨大的阴谋——他们希望让同学和老师先到学校,这样便可以谋杀更多的人。

两个青少年身着黑色风衣,背着两个装满了枪支和弹药的行李袋,展开了一场疯狂的杀戮:短短15分钟的时间,他们就杀死了13人,并使21人受伤。如果他们按照计划引爆所有的爆炸物,那么死亡人数恐怕还要增加数倍。半小时后,警察将埃里克·哈里斯和迪伦·克莱伯德包围,走投无路的两人,把枪对准了自己。

悲剧发生之后的一段时间,所有人都在讨论:为什么这两个中学生要在校园里进行疯狂的杀戮?到底是什么样的深仇大恨让他们作出如此残忍的行为?有人认为,哈里斯和克莱伯德就是天生的杀手;也有人认为,他们是受到了暴力电影、悲观主义文化等邪恶力量的影响;还有人认为,是父母没有给予他们足够的关爱和正确的引导。

和许多危机事件一样,埃里克·哈里斯和迪伦·克莱伯德制造的这场校园惨案,很难用某一个简单理由作为解释,它可能是多个因素共同导致的。对于这次事件,社会心理学家更关注情境的影响,他们想知道,是哪些社会影响因素把两个小镇青少年变成了残酷的杀手?

社会心理学家调研发现，哈里斯和克莱伯德平时遵守社会规范，没有服从权威人物的压力；他们周围也没有坏榜样或是其他人向他们发出指令，可以断定其校园屠杀行为是自发的。如果是社会对他们产生了影响，那么这种影响不是突如其来的，而是远距离的、逐渐侵蚀的。

在翻看哈里斯的日记时，社会心理学家了解到，这场校园屠杀不是临时起意，它已经在哈里斯和克莱伯德心里酝酿了整整一年的时间。日记中的一些片段显示，这两个青少年很有可能遭到了社会排斥，而这正是引发校园屠杀的重要原因。

很长一段时间里，哈里斯和克莱伯德都生活在青少年团体的边缘，主流小团体拒绝接受他们。两个青少年都曾在日记里提及自己不合群、不被接受，他们对这种排斥产生了怨恨，密谋要对付所有他们认为无礼的人，以及他们认为不接受自己的人。

社会排斥，是指由于被某一社会团体或他人所排斥或拒绝，一个人的归属需求和关系需求受到阻碍的现象和过程。

作为社会性动物，人们需要归属于某一群体。当我们有所归属时，会感觉被一种亲密的关系所支持，产生深深的幸福感。反之，如果被轻视、忽略、拒绝，内心深处的归属需求得不到满足，就会产生悲伤或焦虑的情绪。

社会心理学家基普林·威廉斯在研究中发现，被排斥的人大脑皮层的某个区域活动会增加，而这部分脑区与对躯体创伤作出反应的脑区是同一区域。这就是说，社会排斥是一种真实的疼痛，被排斥的社会性疼痛与身体疼痛一样，都会增加人的攻击性。

社会排斥不仅会阻碍个体的归属需要得到满足，还会阻碍个体的能力发展，比如：无法有效地完成任务，难以说服别人帮助自己，不能很好地展示自己。正因如此，被排斥者往往会用极端的方式来满足自己的需求，如成为别人眼中臭名昭著的人物，或是控制别人的命运等。

实验研究显示，虽然被排斥者对冒犯过自己的人和陌生人都表现得更有攻击性，但是对那些赞扬过自己的人却没有表现出攻击性。想要消除社会排斥造成的伤害，最好的办法就是用"爱"为排斥者止痛，把那些害羞、孤独和疏离的人重新迎回社会。

CHAPTER 5
每个人都生活在偏见之中吗？

59 | 乔治·弗洛伊德之死为何会惊动天下？

INTRODUCTION TO PSYCHOLOGY

"跪杀"的背后是种族歧视

2020年5月25日晚上，美国非洲裔男子乔治·弗洛伊德因涉嫌使用假钞购买香烟，遭到了一名白人警察的暴力执法，该警察当街跪压弗洛伊德的颈部，时间长达9分钟。

在此期间，弗洛伊德多次挣扎求饶，发出"我无法呼吸"的恳求，白人警察却并没有理会，依旧对他实施暴力，最终导致弗洛伊德窒息身亡。从警察接警至弗洛伊德死亡，整个过程不足半小时。英国《卫报》称，在"弗洛伊德之死"发生之前，类似这样的事件已经屡屡在美国少数族裔身上发生。

2020年6月8日，在美国得克萨斯州休斯敦市，人们在教堂前排队等待瞻仰弗洛伊德的遗体。人们纪念他，是因为他和每一位公民一样，不该随随便便地死于非命。他所遭受的警察暴力执法的背后，深埋着长期以来的种族歧视与不平等，而这种歧视与不平等，有可能会伤害社会中的每一个人。

恩莫德·巴尔克说过："以少数几个不受欢迎的人为例来看待一个种族，这种以偏概全的做法是极其危险的。"翻看历史的长卷，许多国家在发展过程中都存在种族偏见，并由此引发了各种各样的种族歧视、种族镇压等不公正的行为。

种族偏见，是指个体对其他某个族群的个体或群体的看法，认为该民族和族群的人比其他民族和族群的人更低等，并对其产生各种敌对与仇恨。

社会学家德瓦·佩吉尔派遣了一些训练有素、说话得体的大学毕业生，让他们带着相同的简历，访问密尔沃基地区350多个招聘初级职位的雇主。这些申请者中，有一半是白人，一半是黑人，研究员要求他们对雇主表现得彬彬有礼。在黑人和白人申请者中，各有一半的人在申请表上告知，他们因持有可卡因而在监狱服刑过18个月。结果显示：对于那些声称有犯罪记录的人，雇主联系白人申请者的比例是黑人申请者的2倍！

无论是"弗洛伊德之死"那样的悲剧，还是"种族身份对雇佣的影响"研究，都说明了同一个问题：对于美国少数族裔来说，种族偏见从1619年第一批黑人被运到北美大陆开始，至今仍然存在。只不过，美国的白人倾向于用现在的情形和充满压迫的过去相比较，感觉这个问题得到了根本性的转变；而黑人则倾向于用当下的处境与他们心目中的理想状态相比较，因为那样的状态尚未实现，所以他们感觉到的改变就比较少。

60 | 歧视和偏见是同一回事吗?

偏见是一种负面态度,歧视是一种负面行为

当我们跟某个人聊不来,或是多个方面都不太合拍,我们通常会主动拉开距离,减少和对方的接触。这种做法无关道德,也谈不上偏见,就是不想自寻烦恼而已。但是,如果我们用限制性约定、抵制、社区压力等方式,对某个特殊群体成员进行驱逐,那就另当别论了。

拒绝让特定个体或群体享有他们可能希冀的平等对待,使之得到不同程度的损失,这种现象被社会心理学家称为"歧视"。

你可能也思考过这个问题:歧视和偏见有什么不一样吗?

偏见是一种负面态度,歧视是一种负面行为,歧视行为的根源往往是偏见。

歧视的形式有很多种,且存在于不同的领域,大家熟知的歧视行为包括:种族歧视、地域歧视、户籍歧视、职业歧视、年龄歧视、就业歧视,以及酒店、餐厅、咖啡厅等场所将某一类人拒之门外,以及对某一群体成员设置空间边界等。

有一名黑人女孩申请了美国联邦政府办公室的职位,从面试到入职的每一个环节,她都遭遇了针对性的歧视。比如,一位工作人员告诉她,这份工作已经有

了合适的人选；另一位工作人员提醒她，在一个满是白人的办公室里工作，对她来说不是一件舒服的事。

尽管如此，这名黑人女孩并没有动摇自己的决心，最终她得到了这份工作。但让她没有想到的是，求职过程中所遇到的那些障碍仅仅是一个开始。当她以为已经克服万难，即将迎来坦途之际，上司却把她的办公桌安排在一个角落里，并且用屏风制造了一个围挡。

是的，歧视没有结束，她被隔离了。

歧视包含任何基于出身或社会分类而作出的区别对待，且这样的评判与个人能力或优缺点无关，或与个人的具体行为无关。歧视的形式是多样的，由歧视引发的仇恨言论更加普遍。心理学家研究发现，人们的仇恨言论所造成的恶劣影响，通常比实际的歧视行为更严重。

为什么人们如此容易产生歧视呢？

社会心理学家亨利·泰弗尔认为，这个问题和自尊有关。人们青睐自己所在的群体，其实就是在青睐自己，哪怕这个群体极其微小，且不具实际意义，但它仍然会引起群体成员的高度关注。爱自己的群体就是爱自己的一种表现，给予群体好评就是认可自己的一种方式。

61 | 怎样判断对一个人是误解还是偏见？

误解可以被纠正，偏见却很难改观

大脑为了节省认知资源，总是喜欢对事物进行分类，毕竟我们无法对世界上所有的事物都进行单独衡量，然后再作出判断。这种粗略而笼统的反应机制，不可避免地让我们只根据少量的事实就进行大规模的归纳，从而落入过度概括的思维陷阱。

这就引发了一个思考：如果拿出了全新的、有力的事实依据，完全可以证明我们之前对某个人的预判是错误的，是否可以让我们摒弃原来的观念呢？

要回答这个问题，我们先得弄清楚一个事实：是不是所有的过度概括都是偏见呢？答案是否定的，不是所有的过度概括是偏见，还有可能是误解，两者有本质上的区别。

面对全新的事实证据，如果可以修正自己之前的观念，那么之前的错误预判就属于误解；如果仍然不改变原来的观念，这种预先判断就属于偏见。

误解，是在不了解客观事实的情况下，对某人或事物产生了不符合事实的观念。误解和偏见最大的区别在于，当预先判断与事实发生冲突时，误解可以经由讨论而被纠正，偏见却会抵抗所有可能动摇它的证据。

面对与观念相悖的事实证据，持有偏见者会坚持之前的观念，并将不符合

观念的个例当成特例剔除，从而保留对此类别之下的其他事例的负面态度。戈登·奥尔波特把这种"允许特例出现"的心理机制称为"二次防御"。

奥尔波特认为，在许多有关黑人的讨论中，都存在"二次防御"的现象。

一个对黑人存在严重偏见的人，在面对有利于黑人的事实证据时，通常都会引用一个"老掉牙"的问题："你愿意自己的姐妹与黑人结婚吗？"如果对方说"不愿意"，或是稍有迟疑，偏见的持有者就会说："你看，黑人和我们就是不一样的。"或者"我说得没错吧？黑人的本性中就是有一些令人厌恶的东西。"

奥尔波特强调，只有在两种情况下，人们不会启动"二次防御"来维持原有的过度泛化：

1. 习惯性的开放态度

有些人在生活中很少用固定的类别框架评判他人，对所有的标签、分类和笼统的说法都表示怀疑，但这种情况比较少见。

2. 出于自身利益对观念进行修正

一个人经历了惨痛的教训，意识到自己的预先判断是错误的，必须进行修正。

通常情况下，人们还是倾向于维持自己的预判，因为这样做更轻松。只要自己和周围人对此都没什么异议，就很少有人会重新思考那些构成自己生活根基的信念。

62 | 为什么亚裔妇女容易被黑人小伙抢劫？

因为彼此之间都存在刻板印象

全球公认的隐性偏见研究领域的专家、斯坦福大学的心理学教授珍妮弗·埃伯哈特，在阐述偏见产生的根源时，特别强调了刻板印象的影响，她还以此解释了"为何亚裔女性容易成为黑人抢劫犯的目标"的问题。

"亚洲女性很容易成为抢劫犯的目标，因为抢劫犯认为她们不会反抗。在抢劫犯心目中，亚洲女性的形象是这样的：人到中年，十分脆弱，不太会说英语，也认不出从她们手中抢走钱包的黑人青少年的脸。所以，亚洲女性这一人群类别，很容易成为理想的受害者。

"对这群亚洲女性来说，实施抢劫的这些人也是一个人群类别。她们不知道抢走自己钱包的人到底是迈克尔还是贾马尔，只知道抢劫的人都是年轻的黑人男子。对她们来说，遭遇抢劫损失的不只是金钱，还有在奥克兰唐人街生活的安全感。每一次被年轻的黑人抢劫，都会放大她们以前可能会忽略的刻板印象——黑人是危险的。于是，黑人与犯罪之间的联系就这样形成了。"

人们习惯把物质世界分为不同的类型，同样也会根据一些重要的特征对人进行分类。分类不会自动产生偏见，但它是迈向偏见的开始。一旦我们把世界划分为不同的类别，就会对它们标签化，以此对群体的本质进行总结，刻板印象就是这样产生的。

刻板印象，是指人们对某一群体成员的特征以及这些特征形成的原因，形成概括而固定的观念和看法。

从某种程度上来说，刻板印象有助于人们快速地认识自己，了解周围的人，熟悉所处的环境。因为居住在同一地区，从事同一种职业，从属于同一种族、同一年龄层的人，多少都会存在一些共性。

然而，这终究只是一种概括、抽象而笼统的看法，无法代替每一个鲜活的、独特的个体，有些看法可能与事实并不相符，甚至完全是错误的，很容易诱发偏见。"亚洲女性与黑人抢劫犯"的现象就是一个很好的佐证：一旦我们把面孔处理为"非同类"，这种分类就会让我们停止对这些面孔进行深入的了解，从而作出与事实不符的预判。

CHAPTER 5
每个人都生活在偏见之中吗？

63 | 女生擅长文科，男生擅长理科？

INTRODUCTION TO PSYCHOLOGY

别让性别刻板印象误导了你

"我发现你工作起来真的像个男人。"

"这话我就不爱听了啊！为什么女人努力工作就要像男的？"

上述的简短对话来自网剧《摩天大楼》，折射出的是性别刻板印象的问题。

性别刻板印象，来自对性别角色的社会共识，即社会文化期待的男性或女性的一般行为模式，让人们误认为某种性别就应该是某种样子。

性别刻板现象不只存在于职场之中，在现实生活的各个领域都可以瞥见。回想一下，你是不是听到过这样的声音：

"一个大男生竟然还涂护手霜！"

"哎，肯定是女司机……"

"他怎么不去上班呀？竟然甘心在家当全职爸爸！"

"女孩子还是学文科吧！学理科比较费劲。"

"男性更擅长技术类的工作。"

这些评判到底准不准呢？向来如此不代表正确，我们还是用事实说话吧！

心理学家曾经做过一个实验：被试是一组有着相同数学背景的男女大学生，研究员邀请他们进行一个难度很高的数学测验。当研究员明确告诉被试，这个测验不存在性别差异，不会对任何群体刻板印象作评价时，女生的成绩和男生是一样的；当研究员告诉被试，这个测验存在性别差异时，女生被试在遇到难度较大的题目时，明显感到焦虑不安，这一负面情绪和心理暗示影响了她们的能力发挥。

大脑生物基础和认知结构的证据显示，男性与女性的数理能力是一样的；而实验研究也证明，男生和女生的数学表现没有任何差异。所以，别再让性别刻板印象误导自己、压迫自己、束缚自己了，没有一种性别带着与生俱来的标签。

女性可以是坚强的、顽皮的、爱冒险的，可以勇敢地追求事业；同样，男性也可以表达内心的软弱与恐惧，可以用哭泣抒发情绪。不要对性别持固有的、僵化的看法，无论男性还是女性，每个人的个性都应当得到充分的尊重。

CHAPTER 5
每个人都生活在偏见之中吗?

64 给自己和他人贴标签会发生什么?

产生刻板印象威胁

1991年,知名科学传播学者泰森在美国哥伦比亚大学获得天文物理学博士学位。当时,全美大约有4000位天文物理学家,其中非洲裔仅有7人。

泰森获此殊荣,实属不易。在一次公开演讲中,他说出了压抑已久的心声:"人们总是认为,如果我在学术上失败了,那是预料之中的事;如果我获得了成功,那一定是外部因素所致。我一生中绝大多数的时间都在对抗这些态度,它们已经成了我的情绪负担。这是一种智力上的阉割,哪怕是我的对手,我也不愿意他们背负这样的重担。"

泰森的痛苦和烦恼,不是来自学术上的困难,而是来自刻板印象给他贴上的标签,即人们都认为美国非洲裔学生在智力水平上比白人学生低,很难在学术上有所成就。其实,类似这样的现象一直以来都不曾消失,且在不同的文化中普遍存在。

回想一下,我们在生活中听到的那些声音:"女司机开车不靠谱""女生不擅长数理化""南方人特别小心眼儿""北方人性格直爽""码农的情商都比较低"……很显然,这都是在给不同的群体贴标签。当一个人因自己的性别、所处地域、所从事的工作被贴了标签,遭受了负面的偏见时,就会产生刻板印象威胁。

刻板印象威胁，是指个体在某种环境中，担忧或焦虑自己的行为将会验证那些对自己所属社会群体的负面刻板印象，这种焦虑会影响个体的表现。

当一个人的消极自我刻板印象被激活后，他通常很害怕自己会印证消极的刻板印象。为此，他要花费大量的认知资源去压抑刻板印象威胁带来的消极想法。我们都知道，一个人的认知资源是有限的，当意志力被严重耗损之后，整个人会感觉精力不足、疲惫不堪，以这样的状态去处理需要自我控制的任务时，往往会显得力不从心，难有良好的表现。

刻板印象威胁对个体的伤害，不只存在于刻板印象发生作用的情境中。当被威胁对象脱离了威胁情境后，其仍然会对个体产生消极的影响。

为什么刻板印象会出现外溢效应呢？原因在于，刻板印象是一个压力源，它会引发被威胁对象的心理压力和高度警惕，以及对刻板印象验证的恐惧。那么，有没有办法可以有效地降低刻板印象的威胁呢？

美国社会心理学家克劳德·M.斯蒂尔在《刻板印象》一书中提出了三个解决方案：

1. 建立自我肯定的信念，提高对刻板印象的"抗性"

无论是学习还是工作，我们都可能会受到自我和外部带来的刻板印象威胁，最常见的表现就是：遇到问题不是第一时间想着怎么解决，而是把它归咎于自己的原始身份。要冲破这一思维困境，最重要的一点是建立自我肯定的信念，比如，写下自己最看重、最擅长的三个方面，通过文字对其进行扩充，清晰地看到自身的优势。不断地重复这一训练，不断地强调自身的优势，不断地挖掘自己的潜能，可以很好地提升自我价值感。

2. 不断地扩充知识，跳出刻板的牢笼

每个人都有优势和不足，用自己的短板与他人的长处相比，只会打击自己

的信心，放大焦虑的情绪。正确的做法是，尽量发挥自己的优势，积累成功的经验，滋养自信心。同时，还要不断地扩充知识、提升自我，不局限于现在所处的位置。如果总是原地踏步，就很容易以身份角度或过往的经验来处理问题，把自己困在刻板印象的牢笼之中。

3. 培养成长思维，相信能力是可以发展的

卡罗尔·德韦克在《终身成长》里指出："拥有成长型思维模式的人，相信自己的能力是可以发展的，他们对于挑战从不畏惧甚至是热爱，相信自己的努力，即使遇到挫折，仍然能够通过自己的能力重新再来。"

我们没有办法完全消除刻板印象，但可以通过拓展自身的知识和阅历，用能力和实力撕掉被贴在身上的标签，削弱刻板印象带来的负面影响。

65 | 明知道心理出了问题,为何不去就医?

预期别人会对自己产生刻板印象

当人们感到头疼脑热、周身不适时,第一时间会想到去医院看病,在得到确切的诊断和治疗方案后,会感到安慰和踏实。然而,当人们心理上出现不适的症状,日夜不得安宁时,不管是患者自己还是其家人,都很少会提出去看心理医生,患者往往是强忍硬扛、自欺欺人。

简单心理与北京大学心理咨询与治疗中心联合发布的《2016心理健康认知度与心理咨询行业调查报告》显示:有46.2%的受访者认为,只有心理脆弱的人才会出现心理问题;有26%的人认为,只有心理"有病"的人才需要进行心理咨询。

一个16岁的女孩患上抑郁症之后,无法正常上学。她告知父母,自己很痛苦,不知道该怎么调节。父母却认为,女孩就是不想面对学业压力,整天胡思乱想所致。为了让女孩重新回到学校,父亲甚至想找医生开一个诊断证明,告知校方女孩没有病。

不久之后,女孩因难以忍受抑郁的折磨,在家里做出轻生之举。所幸家人及时发现,将其送到医院,挽回了生命。这时父母才意识到,女孩不是矫情,不是装病,她的问题真的很严重。经历了这一桩事,父母带女孩去看了精神科门诊,并进行心理咨询的辅助治疗。

在过去的很多年里，人们对心理问题缺少相应的了解和正确的认识，对心理疾病患者持有严重的偏见，并做出不少的歧视行为，给他们贴上"变态""精神病""疯子"等污名标签。相关研究表明，心理疾病患者的病耻感远高于癌症患者。正因如此，有些人即便意识到了自己存在心理问题，也碍于病耻感而不敢去就医，独自忍受着痛苦与折磨，社会心理学家将这样的现象称为"污名意识"。

污名意识，是指人们在多大程度上预期他人会对自己产生刻板印象。

达特茅斯学院的两位研究员曾经开展过一项实验：

研究员让化妆师在被试女生的右侧脸颊上画出一条明显的"伤疤"，并告诉她们这样做是为了测试其他人看到这块"伤疤"时的反应。实际上，这个实验的真实目的是了解被试女生在看到自己脸上的"伤疤"后，如何想象他人对自己的看法。

化妆师画完"伤疤"后，让被试照镜子看看效果，之后拿开镜子，并以"给疤痕固定"的理由，悄悄地把这些疤痕去除了，而被试完全不知情。接着，研究员安排被试女生会见一名女士，并在会见后谈论会面时的感受。

被试女生认为，这位女士看自己的眼光很奇怪，带着些许不安、冷漠和怜悯。其实，这些都是被试女生自己想象出来的，她们认为自己脸上有"伤疤"，对自己的评价产生了变化，从而曲解了他人的行为。

这个实验告诉我们，污名意识很容易让人陷入自我制造的刻板印象威胁中，误认为别人的反应是在针对自身的某一特质。这种无端的揣测，会严重拉低安全感与幸福感。

66 为什么人们从来不觉得自己有偏见？

所有的偏见都是无意识的

心理学、认知神经科学和社会学等领域的专家，通过观察大量的生活事件，以及数百次的测试之后，得出一个结论：人们有着根深蒂固的偏见，但人们从来都不觉得自己有偏见。

为什么人们会这样觉得呢？对此，美国心理学家布雷特·佩勒姆解释说："实际上，所有的偏见都是无意识的。例如，女性更擅长养育，男性更有力量，这些想法已经在我们心里生根发芽了。就像巴甫洛夫的狗一听到铃声就知道有食物可以吃了，偏见让我们在生活中不需要每遇到一件事情就重新进行评估。"

无意识偏见，是指人们可能认为自己没有偏见，但在潜意识中潜藏着对特定群体或特征的偏见。

霍华德·J.罗斯的著作《无意识偏见》中，记录了大量无意识偏见的案例：

霍华德·休斯医学研究所的研究员通过实验证实，性别因素直接影响着科研人员的聘用情况：在面试实验室经理职位时，即使男性候选人和女性候选人的简介信息毫无差别，教授们仍然会给男性候选人更高的评分，以及更高的薪酬待遇。

宾夕法尼亚大学沃顿商学院的教授对1991~2003年NBA裁判做出的共计60万次的犯规判定进行了研究，在排除了大量的非种族因素后发现：白人裁判会给黑人球员吹更多的犯规哨；黑人裁判会给白人球员吹更多的犯规哨。但统计数据显示，黑人裁判的偏见不如白人裁判表现得那么明显。

英国莱斯特大学心理学系音乐研究小组的研究员通过实验发现：超市播放的音乐会影响顾客的购买偏好！在播放法国手风琴音乐时，顾客会更倾向于买法国葡萄酒；在播放德国啤酒屋音乐时，顾客会更倾向于买德国葡萄酒。然而，参与实验的顾客中，仅有14%的人在购物后承认他们注意到了音乐，只有1人表示音乐影响了他的购物偏好，其他顾客压根儿就没有留意到这件事。

这些行为都是偏见的表现，且都是在无意识的情况下发生的，人们完全没有意识到自己在这样做。这听起来似乎有些荒谬，但事实就是如此，不管我们所做的决策是大是小，都不能免除环境因素的影响，只是多数时候我们没有觉察到而已。

67 | 欧洲评论家们贬损美国的原因何在?

敌意的背后是一种自恋

回溯19世纪,许多拥有良好教养的欧洲人对美国心存偏见。1854年,一位欧洲人用轻蔑的口吻说道:"美国是一个巨大的疯人院,里面全是欧洲的流浪汉和社会渣滓。"他的批判中带着一股强烈的愤怒与蔑视,这种敌意从何而来呢?

认知失调理论认为,每个人都有一种渴望协调、稳定与统一的内驱力,对于不相协调的价值观和信仰会感到不适,甚至是排斥和厌恶。当一个人习惯用自己的那套价值观去衡量、预判周围的事物时,就会不自觉地反对和自己价值观有差异的人和事。在这个过程中,偏见就产生了,这种偏见源自自我的需要。

欧洲的评论家们深深地爱着自己的国家、祖先和文化,并且引以为傲。当他们来到美国之后,隐隐地感受到了某种威胁,为了捍卫和袒护他们的价值体系,就开始对美国进行毫无依据的预判和贬低,以抬高自身的价值取向。他们并不是一开始就讨厌美国,这份敌意来自他们对原来的存在模式和价值体系的偏爱。

正如弗洛伊德所言:"在对自己不得不与之接触的陌生人不加掩饰的厌恶与反感之中,我们意识到,这其实是对自己的爱的表达,是一种自恋。"

68 为什么生活中会出现受害者有罪论？

为了维护公正世界信念

1966年，心理学家勒纳与同事开展了一系列实验，试图利用休克范式研究观察者对受害者的态度。被试是一些女性，研究员让她们观察另一位女性的"学习测试"，一旦她回答错误就会遭到电击。当然，实验过程中的电击与受害者的反应都是假的，但被试全然不知。

最初，被试在看到这名女性由于回答有误遭到电击时，都表现出了明显的同情，认为这么做太残忍了。然而，随着实验的进行，被试对受害者的态度开始逐渐发生变化，由最开始的同情变得充满敌意。

在观看完整个过程后，研究员告诉被试，接下来要继续观看同一个受害者参加测试和被电击的场景。有一些被试被告知，之后的电击实验会变本加厉；另一些被试被告知，在结束了痛苦的测试之后，受害者可以获得一笔丰厚的酬劳。

在第一次测试的尾声，被试已经对受害者产生了敌意，研究者结合这一因素推测：倘若被试知道受害者在测试结束后会获得酬劳，她们肯定会更加愤怒，甚至羞辱受害者。那么，研究者的这一推测对不对呢？

结果令人意外，被试在得知这一情况后，不仅消除了对受害者的敌意，反而还多了几分赞赏。真正对受害者产生厌恶之情的，是那些被告知受害者将会接受更严厉惩罚的被试，她们认为受害者遭到电击是因为她太愚笨了，总是回答错误。

为什么被试会将受害者遭受电击归咎于她太过愚蠢呢？勒纳是这样解释的：当被试看到无辜的人受到伤害，而又没有办法解决时，她们的公正世界信念受到了挑战。

人们需要相信自己生活在一个公正的世界，这个世界遵循"善有善报，恶有恶报"的法则。如果无辜者蒙难、好人遭受厄运，这种公正世界信念就会受到威胁，让人陷入矛盾之中。

为了抑制这种矛盾的感觉，维护公正世界信念，无论受害者遭遇的是虐待、性侵、抢劫还是贫困，人们都会为其制造出一个理由，认为受害者的遭遇是应得的，并采取各种方式在心理或身体上疏远受害者，这就是我们常说的"受害者有罪论"。

这种现象最常出现在性侵案中，犯错的人明明是强奸者，而遭受谴责的却是身心受到伤害的女性。秉持公正世界信念的人们站在道德的制高点上指责受害女性：

——"为什么你要穿着性感暴露的衣服出门？"
——"单独和异性出去，你没有想过这样做的风险吗？"
——"你不知道该怎样保护自己吗？"

所有的言辞逻辑都是一样的，即暗示受害女性被强奸是她们自身所致。正因为这种现象的存在，不少受到侵害的女性很害怕社会舆论，不想被人指责，故而选择沉默。她们担心一旦曝光，自己很可能陷入百口莫辩的境地，受到更大的伤害。这种沉默，却让真正的坏人轻松推卸了罪责，逍遥法外。

看到这里，你可能会觉得，公正世界信念不是一件好事。其实，这样的判定有点以偏概全了。相信世界公正的这一信念也有积极的意义，它可以让人们更好地应对复杂的物理和社会环境，关注长期的目标，遵循社会规范，提升对世界的掌控感。

要避免公正世界信念对无辜的受害者造成伤害，最简单有效的办法就是质问：为什么作恶者会持续做出伤害他人的行为？在多数人都渴望活在公平世界的情况下，为什么有些人被允许得到超越公平的份额？心理学家研究发现，当新闻报道的语言、思考视角侧重于作恶者的行为时，受害者遭受的指责会明显减少。

69 | 不是你的错，为什么要你来背锅？

你是替罪羊的最佳人选

企业遇到了品牌危机，公关部商议后决定，让一个临时工出面承担责任。临时工觉得很委屈，自己才到岗三个月，做事本本分分，对加班之事从未有过怨言。这次的危机，明显是团队协作出了问题，凭什么让我一个人来背锅呢？

明明不是你的错，为什么要让你来背锅？答案很简单，因为你是替罪羊的最佳人选。

替罪羊效应，是指由挫折引起攻击时转移攻击目标的一种现象。

"替罪羊"一词，来源于希伯来人的一个宗教仪式。

在赎罪日那天，人们要抽签选择一只活羊。穿着亚麻服饰的大祭司，将双手按在山羊的头上，朝它忏悔以色列人的罪孽，试图将以色列人的罪孽全部"转移"到山羊头上。

之后，大祭司会把这只山羊带到野外放生。在完成这一仪式之后，人们感觉自己的罪孽得以消除，从此卸下了沉重的心理负担。

挫折是攻击行为产生的一个必要条件。人在遇到某种挫折而无法对制造挫折的人进行还击，或是无力对抗致使自己受挫的真因时，往往就会对某一个体或群体生出偏见，偏见中包含着仇恨、歧视与攻击性行为，而受偏见的个体或群体就成了"替罪羊"。

当一个小孩受到了老师的羞辱，而又无力进行反抗时，他很有可能对身边那些较弱的旁观者进行攻击；当一个美国人在求职过程中屡屡受挫时，他很有可能会把问题归咎于移民，认为是移民抢走了美国人的饭碗，从而对移民产生偏见和歧视。正如尼采所说："任何对自己不满意的人，随时都准备好了进行报复。"

通常来说，看起来软弱可欺、害怕人际冲突、不懂拒绝他人请求的老好人，最容易成为无辜的替罪羊。这种性格的人习惯内归因，遇到任何事情都觉得是自己的问题，哪怕是遭遇了不公平的对待，也只会默默忍受，不敢去反抗。所以，要避免成为无辜的替罪羊，需注意以下三点：

1. 明确责任界限

遭到无端的指责时，不要盲目地认同和接受，将所有问题都归因于自己。要客观地去分析整个事件，划清是非界限，明确哪些责任是自己的，哪些错误是他人的。该由自己承担的不推脱，该由对方承担的也要指明，以免对方"甩锅"。

2. 尊重内心感受

想要被他人尊重，前提是要自我尊重。不要忽视自己的真实感受，出现委屈、受伤、被侵犯的感受时，要去面对它，不能一味地隐忍和压抑，假装不在意。如果你不让对方知道哪些行为是你不能接受的，对方就不知道你的底线在哪里，越线的行为还会继续发生。

3. 远离"甩锅"群体

路遥知马力，日久见人心。当你看清了某些人总是居心叵测、习惯"甩锅"时，就要主动远离，避免对方给你制造麻烦和伤害。

70 | 怎样才能消解人与人之间的偏见？

偏见无法避免，唯有多建立接触

动画巨作《哪吒之魔童降世》中有一句台词："人心中的成见就像一座大山，任你怎么努力也休想搬动。"听起来令人心酸，因为每个人都在生活中体验着偏见的存在。

偏见是人类的一种天性，也是一座难以逾越的大山，它会让人不自觉地对某一个体或群体产生排斥与厌恶。许多年来，为了消解偏见的负面效应，人们作了诸多的努力与尝试。庆幸的是，这些坚持和努力并没有白费。

1954年，一对黑人夫妇向法院起诉，指出提供给黑人隔离的学校设施是不平等的。当时，他们8岁的女儿琳达·布朗，每天必须走1.5公里的路程，绕过一个火车调车场，到堪萨斯州托皮卡市的黑人小学上学，而她家附近就有一座白人儿童公立学校。

当时，托皮卡市的学校体制是按照不同的种族分开，依照"隔离但平等"的原则，这种体制是合法的。但是，琳达的父母却认为，学校的体制忽略了许多"无形"的因素，种族隔离本身对黑人儿童的教育产生了负面的影响。

最后，联邦最高法院一致裁定，公立学校的种族隔离体制违反宪法。首席法官厄尔·沃伦指出，在公众教育领域，隔离但平等是行不通的，分离的教育制度注定要造成不平等。这一具有划时代意义的决定，彻底终结了"隔离但平等"的体制，让黑人与白人的平等权向前迈进了一大步。

对于这一惊人裁决，不少政治家、学校管理人员纷纷表示不能理解和接受。在他们看来，黑人和白人被迫待在同一个学校里，势必会带来一场灾难。然而，社会心理学家却有不同的看法，他们对于这一裁决感到兴奋，并预测当黑人儿童和白人儿童有机会直接接触时，那些持有偏见的儿童及其父母会打破原来对外群体的刻板印象。有了现实层面的接触，他们彼此就有机会加深了解，从而产生理解和友谊。社会心理学家的这一观点被称为"群际接触假设"。

群际接触假设认为，不同社会群体成员在互不接触的情况下，对对方的情况了解甚少，很容易产生偏见；加强不同群体成员之间的社会性接触，有助于改善群际关系，减少群体之间的偏见与歧视。

那么，社会心理学家预估的情况有没有成为现实呢？

破除公立学校的种族隔离制度之后，有人拍摄了大多数废除种族隔离制度的学校校园的空中照片，结果发现，情况并不像预想得那么顺利和乐观。白人小孩依旧倾向于和白人小孩一起玩，黑人小孩也倾向于和黑人小孩聚在一起，拉美裔的孩子也表现出了同样的倾向。

这是不是意味着群际接触假设是无效的呢？

我们不能武断地下结论，因为不管是在实验室里，还是在现实社会中，群际接触假设都得到了有效的验证。之所以会出现上述的情形，有一个关键因素不容忽视：美国学校废除种族隔离时，白人孩子和其他少数族裔的孩子之间存在着很多"不平等"的问题。

当时，少数族裔社区的学校，不管是硬件设施还是教学条件，都和白人社区相差甚远。这些孩子忽然来到一个以白人为主的中产阶级学校，面对全新的环境、全新的规则，他们没有任何防备，还要在这个心理上远离自己条件的背景下进行竞争，这些外部因素会严重削弱他们的自尊心。此时，白人的偏见也没有发生明显的改观。所以，少数族裔的孩子就会团结在一起，维护他们的个性和族群，抗拒"白人"的教育价值观，以此来提升自尊。

社会心理学家认为，让不同民族和种族背景的孩子接触仅仅是消解偏见的开始，更重要的是在进入同一所学校之后，要让他们建立合作和相互依存的关系。在竞争状态下，两个群体之间的敌意很难消除，一旦这种不信任被牢固地建立起来，就算是在非竞争的条件下把这些群体聚集在一起，也会增加敌意和排斥。

CHAPTER 6
为什么厉害的人往往不合群?

——人一旦进入群体,智商就会严重降低。

71 | 为什么人们总怕和别人不一样?

人类有服从群体的倾向

1951年，社会心理学家所罗门·阿希设计了一个经典的心理学实验：

参加实验的被试每7人一组，围坐在一张桌子旁。

研究者每次向被试展示两张白色卡片，其中一张卡片上有1条竖直的黑线（标准线X），另一张卡片上有3条长度不等的竖直黑线（比较线A、B、C），其中1条比较线的长度与标准线完全相同，而另外2条线的长度与标准线明显不同。

研究者依次询问7名被试：3条比较线中，哪一条与标准线的长度相同？

在正常情况下，99%的人都可以作出正确的选择，因为答案显而易见。然而，实验中的情况有些特殊，每一个被试小组的7名成员中，只有1人是真正的被

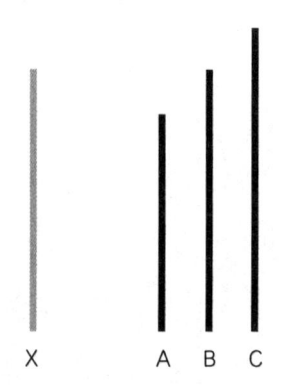

右侧的A、B、C三条黑线中，哪条的长度和左侧线X相同？

试，其余6人都是实验助手。实验助手们在实验开始之前被告知，在回答问题时要一致给出错误的答案。

在这样的情况下，你认为被试选择正确答案的概率是多少呢？

在18次选择中，实验助手有12次故意出错，实验结果显示：被试们最终的正确率是63.2%，有75%的被试至少有一次选择了与实验助手们相同的错误答案，有5%的人从头至尾都选择了与实验助手一致的错误答案，只有25%的被试一直坚持自己的观点，即正确答案。

阿希的实验向我们揭示了一个事实：人类具有服从群体的倾向。

个体受到群体的影响，怀疑并改变自己的观点、判断和行为，使其朝着与群体大多数人一致的方向变化，这种现象在社会心理学中被称为"从众效应"。

事情都有两面性，从众也不例外。从消极的层面来说，从众会僵化个人思维、扼杀创造力，让人丧失主见；从积极的层面来说，从众有助于个体克服固执己见，修正思维偏差。所以，我们要辩证地看待从众现象，谨慎听取多数人的意见，保持独立思考的能力，基于理性和事实来作决策。

72 | 没有他人的逼迫，为何也会从众？

群体压力让人难以抗拒

在阿希的实验中，被试不一定真的认同小组成员（实验助手）给出的错误答案。可为何即便如此，被试还是选择服从多数人的观点呢？换句话说，人们从众的动机是什么？

古斯塔夫·勒庞在《乌合之众：大众心理研究》中指出："人一到群体中，智商就严重降低，为了获得认同，个体愿意抛弃是非，用智商去换取那份让人备感安全的归属感。"在很多场合中，人们并不是基于理性判断作出决策的，而是会受到群体压力的影响。

群体压力，是群体借助规范的力量形成的一种对成员心理上的强迫力量，以达到对其行为的约束作用。群体压力不是权威命令，也不强制个体改变自己的行为，但它对于个体而言，却是一种难以违抗的力量。

当一个人在群体中和多数人的意见产生分歧时，会感受到明显的群体压力。德国传播学者伊丽莎白·诺埃尔-诺伊曼认为，能否适应多数意见是对一个人道德规范和基本价值与社会是否相容的一种"检验"，群体压力和从众心理产生的原因大致有两点：

1. 信息

通常情况下，人们会认为多数人提供的信息，比少数人提供的信息更准确、更可信。所以，个体会对多数人的意见产生较信任的态度。

2. 规范

个体想要融入群体，就必须接受群体认可的行为规范；个体希望和群体中的多数意见保持一致，也是基于规范，避免因孤立而遭受群体的排斥和拒绝。

人们都有与群体保持一致的倾向，个体的行为受制于群体凝聚力，每个成员都感觉到"有一股强大的力量迫使自己不要脱离群体"，不要违反规则。群体凝聚力越高，个体对群体的依附心理越强烈，也越容易对自己所属群体产生强烈的认同感。

如果一个人属于某个高凝聚力的群体，那么他很容易受到该群体观点的影响。比如，在一个种族群体里，人们会感受到一种共同的"归属群体的从众压力"，即衣着、说话、行动都应该像"我们"，如果像"其他群体"那样，就会遭到同伴的嘲笑和排斥。

每个人都无法避开群体压力，但我们也没必要太在意自己被群体压力和从众心理所约束。一个人适当地考虑外部因素，将他人的表现作为判断依据，既是正常的社会化过程，也是快速融入群体的方法。值得注意的是，不要盲目地追随大多数人的意见，要保持独立思考的能力和批判性思维，一分为二地看问题，不做"乌合之众"。

73 | 喜剧电影里的背景笑声有什么用？

制造暗示与变色龙效应

1984年，美国政坛上发生了一件令人印象深刻的事。

当时，73岁的罗纳德·里根准备竞选连任美国总统，结果遇到了阻碍。由于他是美国历史上年龄最大的总统，人们担心他无法胜任这份工作，且他的对手是年轻的参议员沃尔特·蒙代尔，蒙代尔曾经担任过副总统，既有经验又受人欢迎。很显然，在这场竞选中，里根并不占优势。但结果出人意料，里根竟然以压倒性的优势击败了蒙代尔。

里根到底做了什么呢？其实，事情并不复杂，他只是在第二次辩论中，巧妙地展现出了自己的幽默感。当他被问及"是否因为年龄太大不适合当总统"时，他说："我不会把年龄作为竞选的一个议题。我不会为了政治目的而挖苦我的对手过于年轻和缺少经验。"

所有观众（包括蒙代尔在内）都对里根的机智回应给予了笑声和掌声。那一刻，他的幽默和智慧消解了选民心中的疑虑，不少选民改变了对里根的看法。他们确信，里根的精神状态很好，思维也很敏捷，仍然适合为国家服务。

多年以后，史蒂文·费恩及其同事在一次实验中，给从未听过这场辩论的被试大学生三次回放这场辩论的录音带，每一次播放的内容都有差别：

第一次回放，是1984年的现场实况录播。

第二次回放，删掉了里根最幽默的两句台词，包括年轻和缺乏经验的机智回应。

第三次回放，保留里根的两条幽默台词，删除了观众的笑声与掌声。

播放结束后，研究员让被试评价对两位候选人的喜爱程度，并对他们在辩论中的表现进行评估。结果显示，原录音带的两处改动，都对被试的感受产生了不同的影响。

第二次回放删除了里根的幽默回应，这相当于抹掉了里根赢得辩论的关键。第三次回放保留了里根的幽默台词，但删掉了观众的笑声与掌声，这让多数被试认为蒙代尔赢了；如果不删除观众的回应，被试则会认为里根赢了。❶

为什么观众的笑声与掌声会直接影响被试的判断呢？

人类有易受暗示性，会不自觉地受到周围人的影响。

观众的笑声和掌声传递出了一种信息——其他人都觉得这很好笑，这会影响人们对所见所闻的反应。正因如此，不少喜剧电影里都增加了背景笑声，目的就是渲染幽默的气氛，制造一种"变色龙效应"。

心理学家认为，人们在社会交往过程中，经常会无意识地模仿他人，包括打呵欠、表情、口音、情绪、呼吸频率等。这种"变色龙效应"就是从众的生理基础，它会致使个体在没有明确意图的情况下做出从众行为，而行为本身又反过来影响个体的态度和情感，让其对他人的心境感同身受。

---

❶ 艾略特·阿伦森、乔舒亚·阿伦森，《社会性动物》（第12版），华东师范大学出版社，2020年5月。

74 | 让你伤害无辜的人,你会服从吗?

身临其境时,愿你也能勇敢"say no"

假设科学家邀请你参与一项重要的实验,其中的某个环节可能会给另一个被试带来痛苦,甚至致其死亡。科学家强调,你不用有顾虑和担忧,实验的一切责任都由他来承担,你只是协助他完成实验,服从命令操作而已。你会做这件事吗?

面对这样的情形,恐怕多数人都会说:"No!我才不会这么做,太没有人性了!"的确,我们没有任何理由去伤害一个无辜的人,道德与良知不允许我们这样做。

许多年前,有一些和我们有着同样想法,且同样善良的普通人,受耶鲁大学社会心理学家斯坦利·米尔格拉姆的邀请参加了一个服从测试。结果,这场测试成了社会心理学历史上"最著名、最具争议、最恶名昭著"的实验之一。

在阿希的从众实验中,不涉及任何明显的从众压力,既无奖励也无惩罚,就是单纯探讨了日常情境中的从众行为。斯坦利·米尔格拉姆很想知道,人们在极小的压力之下都会表现出从众行为,那么在直接强迫的情境下,又会出现什么情形呢?

米尔格拉姆设计了一个实验:让被试假扮教师,对回答错误的"学生"进行电击惩罚,答错的题目越多,施加电击的强度就越大,直至人类所能承受的生理极限。当然，所有的电击惩罚都是假的，那些回答问题的"学生"都是事先安排好的实验助手，他们会故意答错问题，并根据被试施加的电击强度来模拟痛苦的反应。如此，米尔格拉姆就可以清晰地知晓，被试会遵循研究者的命令到什么程度。

实验开始之初，研究者向被试介绍电击仪器：仪器上面有一长排开关，每个开关上都标有电压强度，从15~450伏，按15伏的幅度递增。开关上还标有"轻微电击""强电击""危险：高强电击"等字样。为了证明电击的真实性，研究者会让被试感受一下15伏的真实电击，但之后实验中所有的电击都是假的。

在实验过程中，被试提出问题让"学生"回答，每次学生回答错误，就增加15伏电压对其进行电击。当被试犹豫时，研究者会用四种口头语鼓励被试继续实验：

（1）请继续。

（2）这个实验要求你继续。

（3）你继续进行下去是绝对必须的。

（4）你没有其他选择，必须进行下去。

当实验的电压加强到300伏时，"学生"会表现出挣扎、踢打墙壁的声音。最后，40名被试中，只有5人到300伏时拒绝再提高电压，有4名被试到315伏时拒绝服从研究者的指示，有2人在330伏时选择停下，在345伏、360伏和375伏停下的人各1名。

实验结果显示：共有14名被试在不同电击水平上拒绝执行研究者的命令，占总数的35%，另外65%的被试都选择遵从研究者的命令，把实验进行到了最后，将电压增加到450伏！

米尔格拉姆的实验在社会上引起了轩然大波，他本人也对实验中被试的服从程度感到震惊。回顾开篇时提及的那个问题——让你伤害一个无辜的人，你会服从吗？多数人都认为自己不会，可实验却告诉我们：人会受到情境压力的影响，做出自己意想不到的事情。

75 | 为什么医生给出的警告更有威慑力？

人类有服从权威的天性

上学的时候，老师说的话几乎没有学生敢反驳，换作周围的亲戚朋友说出同样的话，很可能会遭到孩子的顶嘴；看病的时候，医生给出的建议总是更容易让病患遵从，哪怕之前亲属也对他们说过同样的话，却都不及医生的一次"警告"奏效。

为什么同样一番话从不同人的嘴里说出来，效果会大相径庭呢？

1974年，米尔格拉姆对其服从实验的结果作出了解释：被试之所以会高度服从研究者的命令，与研究者的权威性、实验发起机构的合法性有直接关系。换句话说，人们不会随意听取一个人的指令，如果不是权威者下达的指令，人们是不愿意服从的。

一个人地位高、有威信、受人敬重，其表达的看法就容易引起他人的重视，并让人相信其正确性，这种现象被称为"权威效应"。

在米尔格拉姆式实验的另一变式中，研究者们证实了这一点。

实验开始后，研究者假装接到一个电话，告知被试自己要离开实验室，而实验仪器可以自动记录数据。研究者离开后，另一个人（实验助手）来替代研究者发布命令。当助手命令被试对"学生"的每一个错误回答增强一档电击时，有

80%的被试完全拒绝服从。

在实验后的访谈中，许多参与者表示：如果发起实验研究的机构不是耶鲁大学，他们是绝对不会服从的。为了考察这一情况的真实性，米尔格拉姆把实验地点转移到康涅狄格州的布里奇波特市，在一座普通的商务楼里成立了"布里奇波特研究会"，并由同一批人员来进行实验。结果显示，被试的服从比例从在耶鲁大学的65%降到了48%。

权威效应的普遍存在，主要源于两种心理：

一是人们习惯把权威人物视为正确的楷模，服从他们的指令可以获得心理安全感，增加不会出错的"保险系数"。

二是人们总觉得权威人物的要求往往和社会规范相一致，按照权威人物的要求去做，会得到各方面的认可与肯定。

76 | 人们为何会执行一个不道德的指令?

"奉命行事"而已

1945年，美国飞行员保罗·蒂贝茨执行了一项特殊的任务——用原子弹轰炸日本广岛。

那一天，数万日本平民失去了生命，而原子弹的危害也在广岛持续了多年。

蒂贝茨一生备受争议，可是对于当年向日本投放原子弹的行为，他却始终没有表现出任何的悔意。在他看来，自己不过是在执行上级的命令，广岛被毁的责任不该由他来承担。

当人们认为造成某种行为的责任不在自己，就会潜意识里发生责任转移，不考虑行为后果，认为自己是"没办法"和"被迫的"，推卸不道德行为的责任，将其归因于他人。

社会心理学家在研究服从实验中被试的自发评论后发现，通过分析被试是不是关心"学生"的痛苦体验，无法预测他们是否会服从命令；真正能够预测的关键因素是，被试是否需要为执行的后果承担责任。

从直观上看，米尔格拉姆实验中的被试给"学生"施加危险电击，是因为他们服从了研究者的指令。然而，米尔格拉姆却认为，被试在实验中更像是进入了一种"代理状态"，他们完全把自己当成了研究者的工具，或是实验情境下无情按压电击按钮的工具。所以，他们只专注于执行实验任务，不对任务进行任何的思考。

当然了，被试也并非完全没有担忧，他们在执行命令时也会询问：在增加电压的过程中，万一出了状况，谁来负责呢？研究者明确告知"我会负责"，被试松了一口气。接下来发生的情景，印证了米尔格拉姆的观点："心中没有任何仇恨的普通人，也可能因为自己的本职工作而成为可怕的破坏活动的执行者。"

如果执行命令的人不需要承担任何法律责任、经济损失，也不用背负任何的内疚感与负罪感，那么"命令"简直可以要求执行者做任何事情。就算执行者需要承担行为后果，但如果执行命令的后果小于不执行的后果，他们依然会选择服从，并对不道德的行为进行合理化的归因，认为"奉命行事而已，错不在我"。

77 是什么导致了三个和尚没水喝?

和尚变多了，出力的变少了

心理学家黎格曼做过一项著名的实验：

挑选8个工人作为被试，让他们用力拉绳子，测试一下他们的拉力。第一次，他让每个工人单独拉绳子；第二次，让3个人一起拉绳子；第三次，让8个人一起拉。

实验人员本以为，拉力会随着人数的增加而增加，但结果并不是这样：单独拉绳的人均拉力是63公斤；3个人拉的人均拉力是53公斤；8个人拉的人均拉力是31公斤，不到单独拉时的一半。黎格曼把这种个体在团体中较不卖力的现象称为"社会懈怠"。

社会懈怠，也称社会惰化，是指个体作为群体中的一员进行群体活动时，会降低自己的努力和表现水平，即个人所付出的努力比单独完成时少。

社会懈怠现象在后来的研究中得到了进一步的证实。研究者曾让大学生以欢呼鼓掌的方式尽可能地制造噪声，每个人分别在独自、2人、4人、6人一组的情况下进行。结果，每个人所制造的噪声随着团队人数的增加而下降。

为什么会产生社会懈怠现象呢？心理学家给出的解释是：人们可能会觉得团体中的伙伴没有尽力，为了求得公平，自己也减少努力；或是认为个人努力对团体微不足道，团体成绩只有很小一部分能归于个人，个人的努力与团体绩效之间没有明确的关系，所以不愿意全力以赴。

无论是商业团队协作，还是家庭成员合作，都不是简单地把两股或多股力量联合在一起，更不是人力堆积和资源累加。合作讲究统一性、同一性、互补性等原则，合作的效果也取决于团队内部是否存在内耗现象，如果发生了内耗，那么每个人发出的力量都会被其他人抵消掉，最典型的例子就是"三个和尚没水喝"的故事。

一个和尚的时候，哪怕他不想去挑水，可没有其他的指望，就算挑半桶水也得挑；两个和尚的时候，挑水是共同的责任，做到了责任均摊；三个和尚的时候，责任被进一步分摊掉，任何一个和尚都会想：反正三个人呢！我不去挑的话，别人也会去的。结果，大家都这样想，并充当旁观者的角色，也就没有人去做这件事了。

从团队合作的角度来说，社会懈怠显然是一个不值得提倡的行为。要消除这种现象，最好的办法就是强化个人责任感，明确所有人的分工和职责，让每个成员都感受到更多的责任和价值，减少不必要的团队内耗。

78 | 出现一个不同意见者会发生什么？

削弱群体诱发的从众行为

群体对个体的影响有目共睹，那么个体能不能影响所在的群体呢？

为了弄清楚这一疑问，法国巴黎大学社会心理学教授塞尔日·莫斯科维奇开展了一项视觉感知实验，结果发现：少数派的确会对群体产生影响。

研究员向被试展示一系列幻灯片，让被试说出他们认为幻灯片是什么颜色。参与实验的被试中，有4名是真正的被试（多数人），有2名是实验助手（少数派）。从技术上来说，所有的幻灯片都是蓝色的（而非绿色），只是色调深浅存在差异，因此不是很容易作出决策。

实验结果显示：如果实验助手（少数派）一致认为蓝色幻灯片是绿色的，真正的被试（多数人）有8.42%的概率会认同这一结果；如果实验助手（少数派）摇摆不定，认为有1/3的蓝色幻灯片是蓝色的，其他都是绿色的，则真正的被试（多数人）的回答所受影响不大。

究竟是什么因素让少数派对群体产生了影响呢？莫斯科维奇经过一系列的实验研究，最终确定了少数派影响力的三大决定因素：

1. 一致性

比起摇摆不定的少数派，那些始终坚持自我立场的少数派对群体的影响力更明显。

加州大学洛杉矶分校的心理学教授内梅斯开展了一项实验：将两名被试安排在一个模拟陪审团中，让他们反对大多数人提出的意见。结果显示：这两名被试遭到了群体的排斥和厌恶。不过，多数人也表示，这两个人的坚持让他们产生了动摇，他们决意要重新审视一下自己的立场。

2. 自信

一致性与坚持性表达出来的是一种内在的自信。

内梅斯在实验报告里指出，少数派表达自信的任何行为都会让多数派产生自我怀疑，尤其是牵涉到观点而非事实时，少数派的自信态度会让多数派重新思考自己的立场。

3. 背叛多数派

当少数派对多数派的观点提出质疑后，多数派的成员往往会更加自由地表达自己的疑惑，甚至会向少数派的立场倾斜。

研究发现，如果少数派中的某个人原来是多数派的成员，后来改变了自己的观点和看法，他会比那些一直居于少数派的人更有影响力。内梅斯在模拟陪审团的实验中还发现，一旦多数派中的某个人出现了"背叛"行为，就会诱发"滚雪球效应"，让其他人产生动摇。

79 | 如果自己不太合群，要不要改呢？

你没必要迎合所有的群体

室友即将过生日，提前告知要请全宿舍的人一起吃饭。出席生日宴肯定是要送礼物的，小A手里的生活费并不宽裕，她不想参加。

可是，看到其他室友都没有表示异议，且积极地响应生日聚会，小A只好把真实的想法压在心里，强颜欢笑地迎合大家，因为她不想被孤立。

生日聚会结束后，小A每天都在算计伙食费，生怕不够用到月底。一想到大学生活还要持续3年，她心里很堵得慌，既烦躁又无奈。

很多人都遇到过和小A相似的处境，内心不愿意出席某些活动，却因担心被人说"不合群"，害怕被群体孤立，只能逼迫自己去做不喜欢的事情。

社会心理学家认为，人天生有结群的本能。对与同群体保持一致的成员，群体的反应是接纳、喜欢和优待；对偏离群体的成员，群体的反应是拒绝、厌恶和制裁。

人们之所以选择委曲求全，迎合自己所属的群体，是因为"不合群"的风险太大了，很有可能会遭到群体的孤立、嘲笑和打击。同时，也有一些人独立性比较低，对自己的想法不太有自信，时刻担心会做出错误的决定，他们就像埃里克·霍弗在《狂热分子：群众运动圣经》中所说的那样，只有在群体中才能获得最大的安全感，弱化责任感和无能感。

《奇葩说》有一期辩题叫"我不合群，要不要改？"，这是埋藏在很多人心中的困惑，对于这一问题，辩手颜如晶说："我不合群只是表面孤独，如果我合群了，就是真的内心孤独。"

长期以来，人们对于合群存在幻想：总觉得合群代表性格好，会处理人际关系，容易给自己创造成功机会。为此，许多人宁愿牺牲自我利益，也要拼命地挤进各类圈子。然而，当一株植物不能按照自己的本性生长时，它很快就会枯萎，人也是一样的。迎合的过程中充斥着大大小小的委屈和勉强，久而久之，疲惫与痛苦就会吞噬原本的生活，让一个原本独立自主的人，渐渐扭曲成"讨好型人格者"。

合群本身没有错，错的是曲解了合群的真意。合群，是找到与自己同频的群体，舍弃无意义的社交；合群，是寻找适合自己的鞋，而不是忍痛削足适履。

CHAPTER 7
人性是冷漠的还是善良的？

——人类有能力实现无私的利他主义。

80 | 面对意外事件，人们为何如此冷漠？

旁观的人太多，责任被分散了

1964年，美国纽约的一名年轻女孩在下夜班回家的路上，遭遇了持刀抢劫的歹徒，整个抢劫过程持续了半个多小时，女孩一直呼喊"救命"，却没有人帮忙。最终，女孩因身中多刀，未能得到及时的救助，不幸离开了人世。

女孩遇刺的地方，并不是什么荒僻之地，而是纽约的一处公寓街道。更让人意想不到的是，有38名邻居透过窗户目睹了女孩遭遇抢劫刺杀的过程，却没有一个人报警。直到女孩倒在血泊中，才有一个目击者报了警。

每次看到这样的新闻事件，总是让人感到悲哀和惋惜，明明有那么多人看到他人正陷入困境或遭遇伤害，却都表现得无动于衷，像是置身于电影银幕前的观众。这些情景让许多人不禁扼腕叹息，人性真的是太冷漠、太自私了！

其实，目睹意外事件的那些人并不是完全没有恻隐之心，他们也希望受害者得到帮助，希望有一个人可以率先站出来，可多数情况下，等到最后那个人也没有出现。

这一现象引起了社会心理学家比布·拉塔内和约翰·达利的关注，他们开展了一系列社会心理学实验，最终发现了导致这一现象的深层原因，并提出了"旁观者效应"。

旁观者效应，是指在紧急事件中因有他人在场而产生的对救助行为的抑制作用，旁观者人数越多，抑制程度越高。

旁观者效应在生活中处处可见，有时发生在现实世界，有时发生在网络世界。拉塔内和达利认为，导致旁观者效应的原因主要有两点：

1. 多元无知

当人们对自己缺乏信心或形势不太明朗时，人们会根据周围人的反应来判断事情的严重性，并以此来决定自己是否应当采取行动。

2. 责任分散

在与他人共同面对某件事情时，个体的责任感会下降，会产生将事情推给别人去做的心理倾向。

现在，我们可以重新审视和理解生活中那些"见死不救"的情形了。很多时候，旁观者没有走上前去帮忙，不是因为他们缺少同情心、冷漠自私，而是因为他们无法确定紧急情况是否存在，也不确定自己是否需要采取行动。

心理学家通过多项实验研究证明，只要旁观者可以明确地意识到自己有责任插手干预紧急事件，他们就一定会做出反应，从而打破"见死不救"的局面。最简单的办法就是，发动周围人一起帮忙，指定具体的人做具体的事，破除人们推卸责任的心理。

81 匆忙赶路时，你会停下来帮助他人吗？

时间压力会影响助人行为

社会心理学家丹尼尔·巴特森和约翰·达利受到"善良的撒玛利亚人"这一故事的启发，设计了一个实验，试图探究时间压力是否会影响人们的助人行为。

研究者邀请普林斯顿神学院的一些学生作为被试，实验任务是让他们到附近的录音室进行一个即兴演讲的录音，其中有一半被试的录音主题是"善良的撒玛利亚人"的寓言。在去录音室的途中，被试会偶遇一位瘫坐在门口的老人，他正在垂头咳嗽，发出痛苦的呻吟声。

临行前，研究者告诉A组被试："现在距离录音开始还有几分钟时间，你会提前到达录音室。"结果，这些被试中有2/3的人中途停下来帮助那位老人。之后，研究者又告诉B组被试："录音师正在那里等你，你现在已经迟到了，最好快一点儿！"结果，这些被试中只有1/10的人中途停下来帮助那位老人。

实验结果显示：即使是在去演讲"善良的撒玛利亚人"这则寓言的路上，匆忙赶路的参与者也会径直走过身处困境的人。

这样的论断对被试而言是不是公平的呢？毕竟，被试当时是受研究者之托去录音室，很有可能他们压根儿就没有留意到那位瘫坐在门口的老人。也有可能他们看到了那位面露痛苦的老人，对其生出了怜悯，但他们内心很矛盾——到底是帮研究者，还是帮老人？

为了弄清楚这一点，巴特森和助手设计了另一个类似"善良的撒玛利亚人"的实验情境：让40名来自堪萨斯大学的学生到另一座大楼去参加实验，研究者告诉A组被试"他们迟到了"，告诉B组被试"他们的时间很充裕"；同时，又让两组中的一半被试认为"这个实验非常重要"，另一半被试认为"这个实验不太紧要"。

实验结果显示：那些时间充裕且认为自己参与的实验不太紧要的被试，大都会停下来帮助老人；那些认为自己参与的实验很重要且已经迟到的被试，则很少停下来帮助老人。

巴特森的实验证实，时间压力会影响人们的助人行为。

很多时候，指责那些"匆匆而过"不伸出援手的路人冷漠无情是不客观的，他们并非都心肠冰冷，很有可能是迫于时间压力，急着去完成一些紧要的事情，没有心思和空暇去留意周围的环境，甚至压根就没有发现路边有人需要帮助。这也再次印证了社会心理学家的观点：社会情境会影响人的行为。

82 把钱花在别人身上是一种损失吗？

不是损失，而是快乐

为什么人们要帮助他人？当助人行为发生时，受益的仅仅是被帮助的人吗？

心理学家曾经对85对夫妻进行了为期一个月的调研，结果发现：给予伴侣情感上的支持，对给予者有着积极的意义，会让给予者产生良好的心境。

另外，有实验研究进一步证实：投身于社区服务计划，或是帮助他人学习、辅导儿童等活动的年轻人，都发展出了良好的社会技能与积极的社会价值观念，明显地减少了辍学、早孕和犯罪等危机。更重要的是，捐赠行为可以激活人们与报酬相关的脑区，把一部分金钱用于帮助他人，比把钱全部用在自己身上更让人感觉快乐、幸福。

助人行为不仅仅是给予，也是一种得到。人们做出帮助行为，会获得来自外部或内部的奖赏。

商人投身于慈善事业，成立各种不同的基金会，既给有需要的人带去了帮助，同时也提高了企业的知名度和美誉度；有车族下班顺路搭载同事，可以获得同事的好感和融洽的职场关系……这些都属于外部的奖赏。人们在从事慈善活动、帮助他人时，也可以提升自我价值感，让自己感觉良好，这些就属于内部的奖赏。

83 | 陷入痛苦中的人，还有心思助人吗？

即使正经历悲伤，依然愿意助人

社会心理学家做过一个有趣的实验：

研究者故意在公共电话亭里放置一枚硬币，假装是前一个打电话的人落下的。被试捡到这枚硬币后，露出了愉悦的神态。此时，研究者假扮成路人，抱着一摞书从被试身边走过，并故意把书掉在地上，被试会不会帮他捡起来呢？

结果显示：在电话亭里捡到硬币、心情愉悦的被试，多半会主动帮忙捡起书，递给研究者。反之，那些没有捡到额外硬币的人，帮研究者捡书的概率降低了很多。

无论是一次微小的成功，还是回想起了高兴的事情，抑或是其他任何积极的体验，都会让人乐于做出帮助行为。

有一位沉浸在恋爱中的女士表示，当她被甜蜜的爱情围绕时，她感到无比幸福，甚至感觉工作都变轻松了。她对身边的人比之前更友善，愿意帮助他们，与之分享自己的喜悦。

人在心情好的时候更愿意帮助他人，那么在经历痛苦的时候是否会减少助人行为呢？为了弄清楚这个问题，心理学家设计了一个实验：

研究者给被试单独播放一份录音，内容描述的是一个罹患癌症的人在生命垂危之际的情景，并要求被试把这个癌症患者想象成自己最好的异性朋友。

研究者通过下面的指导语，让A组被试把注意力集中在自己的担忧和悲伤上：

"他就要离开这个世界了，你即将失去他，再也无法跟他对话。你知道，每一分钟都有可能是你们在一起的最后时光。几个月的时间里，虽然你很难过，可是为了他，你仍在佯装欢笑。你会看着他渐渐地离你而去，直到消失不见，只剩下你孤零零的一个人。"

研究者通过下面的指导语，让B组被试把注意力集中在罹患癌症的朋友身上：

"他躺在病床上打发时光，挨过那些没有尽头的时日，等待着、希冀着发生什么事情。任何事情都有可能，他告诉你，没有什么比这更让人痛苦的了。"

实验结果显示：两组指导语都触动了被试的内心，让他们不禁落泪。所有被试都表示，不后悔参与这个实验。在完成这一阶段的测试后，研究者随即对被试提出了一个请求：让他们匿名帮助一位研究生完成他的课题。结果显示：A组（自我关注组）的被试有25%的人接受了请求，而B组（他人关注组）的被试有83%的人接受了请求。

由此不难看出，在痛苦的心境下帮助他人的行为，大概率会发生在那些关注他人的人身上。如果一个人不是全然沉浸在自己的悲痛中，即使他正在经历悲伤，依然会愿意助人。

84 | 得不到对等的回报，人们还会付出吗？

社会责任规范可以让人不计回报

互惠规范是人类社会中根深蒂固的一个行为准则，这一规范维系着社会关系中的予取平衡。对于那些曾经帮助过自己的人，人们通常会施以帮助而不是伤害；如果接受了对方的援助或恩惠而不给予回报，则会感到受威胁和被贬低。

不过，互惠规范并不适用于所有人，如孩子、残疾人、贫困人口等群体，他们需要依赖周围人和社会的帮助才能存活，且没有足够的能力去回报给予自己帮助的人。面对这些群体时，人们明知道得不到对等的回报，却仍然会表现出善与爱，这是为什么呢？

社会责任规范是引发助人行为的一个重要因素，即人们应该向那些危在旦夕或是迫切需要帮助的人伸出援手，不要考虑日后的交换与回报。

在集体主义文化的国家，人们会更强烈地支持社会责任规范，提倡应该帮助那些需要帮助的人，认为这是一种助人义务。

在个人主义文化的国家，社会责任规范会引导人们有选择性地助人：尽力援助那些不是因为自身疏忽而陷入困境的人，如遭受了自然灾害的人；对于那些因为自身懒惰或不道德行为而陷入困境的人，人们往往会漠视不理，任由他们自食恶果。

社会责任规范要求人们帮助那些"真正需要帮助且应该得到帮助的人"，至于如何判断一个人是否需要帮助，归因发挥着决定性的作用。如果人们把他人的需要归因为不可控的困境，就会提供帮助；如果把他人的需要归因为个人选择，就会认为对方不值得怜悯，完全是咎由自取。

85 | 泰坦尼克号的生还者中,为何女性比男性多?

因为女性比男性善于求助

面对孩子、残疾人、灾民等弱势群体,人们总是热情地伸出援手,这说明人们对他人需要的知觉会影响助人行为。那么,在同样的处境之下,向来被认为更脆弱、更有依赖性的女性,会不会比男性更容易获得帮助呢?

为了证实性别对助人的影响,心理学家采用"偶遇需要帮助的陌生人"的研究模式,设计了一个实验,结果显示:如果求助者是女性,男性会提供更多的帮助;女性对于不同性别的求助者,秉持一视同仁的态度。

另外一组数据显示:当年泰坦尼克号下沉时,生还者中女性占70%。头等舱乘客的生还机会是三等舱乘客的2.5倍,可即便如此,三等舱中女性乘客获救的比例是47%,而头等舱中男性乘客获救的比例只有37%。

这些实验和数据都证实:在特定的情境之下,女性会比男性获得更多的帮助。

之所以会出现这样的现象,与女性善于寻求帮助有密不可分的关系。心理学家研究显示,女性寻求身体和精神援助的次数是男性的2倍,她们除了会向专业人士求助,也会求助于周围的朋友。特拉维夫大学的专家把这一现象归因于"独立与依存的性别差异",即女性更喜欢与人打交道,更重视亲密关系。

86 | 怎样才能唤起人们的利他动机？

所有的生物都需要共情

伯明翰大学的两位学者曾经组织108名大学生进行了一项实验：

让被试观看一些令人感到疼痛的画面，如病人接受注射、运动时受伤等，然后让被试说出自己看到这些画面后的心理感受。结果显示，有近1/3的被试表示，他们能从其中至少一个场景中感受到疼痛，这种疼痛不仅仅是情绪反应，还包括生理疼痛。

对于能够产生感应式疼痛的人，研究者将其称为"反应者"，而那些未感到疼痛的人则被称为"无反应者"。随后，研究者在两组人员中各挑选10人，安排他们观看三种不同的场景：一是忍受疼痛的场景，二是令人感动而非疼痛的场景，三是普通场景。在被试观看这些场景的时候，研究者会通过仪器密切关注他们的大脑活动情况。

研究者通过实验发现：无论是反应者还是无反应者，在观看疼痛场景时，他们脑部的情感中心均变得活跃，只是反应者大脑中感受疼痛的相关区域比无反应者的活动更强烈。当反应者看到令人感动的场景时，大脑中感受疼痛的区域会慢慢平静下来。

研究者认为，这一实验结果可以充分证明"感应式疼痛"的存在。

这种能够感受到他人疼痛的现象被称为"疼痛共情"，人类以及猴子、老鼠等很多动物的身上都存在此类现象。从进化的角度来理解，动物允许自己被疼痛

"传染",最直接的作用就是,让父母更加懂得如何照料、帮助和保护孩子,完成代际的基因遗传;同时,也让动物理解和同情同伴的处境,从而予以帮助,保证种族的延续。

社会心理学家丹尼尔·巴特森认为,帮助行为受利己和无私动机的影响。

利己的动机,是指"见死不救"的行为违背了社会责任规范,容易让个体产生内疚感,遭到他人的排斥和贬低。为了减少这种情绪的困扰,人们往往会选择帮助他人。

无私的动机,是指目睹他人的痛苦会引发共情,让人们更多地关注受害者的痛苦。为了帮助他人减轻痛苦,人们选择伸出援手。

丹尼尔·巴特森提出的"共情—利他主义假说"认为,人们对有需要的人产生共情相关的亲社会动机,其最终目的是使这个人受益,而不是为了某种微妙的自我利益。

当人们与他人的情感现实产生了连接时,就会产生同情、共情和温暖的感觉;当这份同理心被唤起后,即使人们知道自己的帮助行为不会被他人知道,也愿意为受害者提供帮助。如果受害者最终没能成功获助,人们往往会感到沮丧,即使这不是他们的责任。这种同理心式的关怀,展现了人性最好的一面,也更贴近真正的利他主义。

共情是大自然赐予生物的一种天赋,以确保世间万物生生不息。所有的生物都需要共情,如果没有共情,我们就无法相互理解,更无法相互寻求支持、帮助、温存与爱,即便是面对同类和至亲,也会漠不关心。

如果我们希望别人快乐,就要学会共情;如果我们希望自己快乐,也要学会共情。当我们以共情温暖他人的时候,受益者不仅仅是对方,这一行为同样也在滋养和帮助我们自己。

87 | 如何创造一个充满爱与善的世界？

使利他主义社会化

亚利桑那州立大学的一位心理学家在研究中发现：当人们频繁地向他人提供帮助时，会产生一种与快乐相仿的满足感，降低皮质醇分泌水平，释放令人愉悦、减缓疼痛的内啡肽，促进心血管健康并巩固免疫系统，使个体获得更长时间的宁静。根据这一现象，心理学家提出了一个名词——"助人快感"，用来形容帮助他人带来的愉悦体验。

帮助他人是快乐的，而被人帮助是幸福的。我们都憧憬生活在一个充满爱与善的世界，当自己身陷困境时能有人伸出援手。那么，如何才能靠近这一理想的画面呢？

社会心理学家认为，既然利他主义是可以习得的，那么我们可以通过一些方法将其社会化，以此来增加助人行为。

1. 教化道德包容

利他主义社会化的第一步是消除内群体偏爱，唤起人们的道德包容性，消除"我们"与"他们"之间的界限，关心那些和自己不一样的人。如果总是把关怀和喜爱集中于"我们"身上，而将其他群体排除在道德关怀之外，就会限制人们的同理心。

2. 树立利他主义的榜样

全球影响力研究权威罗伯特·西奥迪尼与合作者发现，与其大肆宣传抵制乱扔垃圾、偷税漏税、青少年吸烟等不良行为，不如强调人们普遍讲究卫生、诚实可信、戒烟戒酒，后者的效果更好。其他的相关研究也指出，为了不让游客拿走树木化石，与其告诉他们"以前的游客经常会把树木化石拿走"，不如告诉他们"为了保护公园，以前的游客从来不拿树木化石"。

不只是现实中的榜样会发挥正向作用，电视上的积极榜样也如是。心理学家研究发现，相比观看中性节目，观看亲社会的节目，可以让个体的亲社会行为从50%提升到74%。

3. 做出具体的帮助行为

心理学家斯托布认为，助人行为与两大因素有关：一是移情能力，即可以站在不幸者的立场去体验对方的状态；二是掌握帮助别人的知识或技能。

通过训练儿童的移情能力和实践如何助人，可以培养儿童的助人行为。如果把服务学习和志愿者计划纳入学校的课程，也有助于提高学生日后的公民参与、社会责任感与合作性。

行为会影响态度，当人们做出助人行为之后，会将自己视为"一个富有同心情与爱心的人"，这种自我知觉又会进一步促进帮助行为，从而形成积极的循环。

4. 将帮助行为归因于利他主义

丹尼尔·巴特森及其助手在堪萨斯大学开展了"过度辩护效应"的实验研究，结果显示：在没有报酬或社会压力的条件下，助人行为让被试产生的无私感最强；在有报酬或社会压力的情况下，助人行为让被试产生的无私感最弱。

过度辩护效应提醒我们，对一种行为的反馈过度时，可能会让个体将行为归因于外部奖励，而不是内在动机；如果对人们良好的行为给予恰好到处的反馈，可以增强个体从助人行为中获得的快乐。

CHAPTER 8
为何有些人受挫后会伤人？

——人人都有攻击性，但不是人人都懂得合理宣泄。

88 | 只有人身伤害才算是攻击吗?

攻击行为的两大特征:伤害意图与社会评价

提到攻击,我们往往会想到谋杀、抢劫、欺凌、虐待等,这些行为存在一个共性,就是会给受害者造成人身伤害。反过来说,如果没有造成人身伤害,是不是就不算攻击行为呢?

要回答这个问题,我们先得了解一下,到底什么是攻击行为?

攻击行为,也称侵犯行为,是指有意伤害他人且不为他人和社会规范所容许的行为。这种伤害行为,可以是实际造成伤害的行动或语言,也可以是旨在伤害而未遂的行为。

结合上述定义,我们可以看出,攻击行为具有两大特征:一是伤害意图,二是社会评价。要评判一个人的行为是否属于攻击,需要结合这两点来定夺。

A用木棍打向B,B闪躲及时没有受伤,可是A的行为仍然属于攻击,因为他有明显的伤害意图。A在足球比赛中撞到了B,致使B小腿骨折,经过裁判和专业人士判断,这次事故属于球场上正常的肢体碰撞,A的行为不属于攻击。

警察A在追捕犯罪嫌疑人B的过程中,生命受到了威胁。警察A采取正当防卫,导致犯罪嫌疑人手臂受伤。警察A的行为带有故意伤害的性质,但它是社会规范准许的,属于紧急避险的举措,所以不能算作攻击。如果警察A在制服了犯罪嫌疑人B后，继续对其进行殴打，那就不是正当防卫了，而是一种攻击和侵犯行为。

攻击行为有很多种，按照不同的标准可以有以下三种分类：

1. 按照攻击方式划分：言语攻击 vs 动作攻击

言语攻击，是指使用语言进行的攻击行为，如谩骂、嘲讽、诽谤、讥笑等。

动作攻击，是指用身体某一部位或武器进行的攻击行为，如撞击、踢打、砍杀、枪击等。

通常情况下，如果言语攻击没有得到有效控制，有可能会升级为动作攻击。

2. 按照攻击目的划分：敌意性攻击 vs 工具性攻击

敌意性攻击，是指一种源自愤怒的攻击行为，目的是伤害他人，给他人造成痛苦，最常见的就是打架斗殴。

工具性攻击，是指有伤害他人的意图，但伤害只是达成某种目的的手段，而不是为了给对方造成痛苦，如抢劫、在比赛中故意绊倒对手等。

3. 按照攻击形式划分：公然攻击 vs 隐性攻击

公然攻击，是指公开、明显、主动的挑衅性攻击行为。

隐性攻击，是指隐蔽、被动、非正面的攻击行为。

最常见的隐性攻击就是关系攻击，比如：对他人采取冷淡或敌对态度，故意忽视他人，背后说对方的坏话，或是用拖延、沉默等方式表达反抗与不满。

千万不要觉得，只有人身伤害才算是攻击，情感上的忽视、令人窒息的冷暴力同样也是攻击，只是后者更隐蔽罢了，但它给人造成的痛苦丝毫不亚于身体上的伤害。

89 | 世界上有没有"天生的坏种"？

生物因素与攻击行为的相关性

玛丽·芙罗拉·贝尔被认为是英国历史上最臭名昭著的儿童杀手，她在10岁时杀害了年仅4岁的马丁·布朗，在11岁时杀害了年仅3岁的布莱恩·豪。1968年，玛丽因过失杀人罪被判处终身监禁。

人与人之间的关爱与互助，让我们看到了人性中闪光的一面；欺凌、侵害和战争的存在，又让我们瞥见了人性中幽暗的一面。特别是看到像玛丽一样的孩子对他人做出残忍之事时，更是忍不住猜想，是不是真的存在"天生的坏种"？

玛丽的妈妈是在一个缺少家庭关爱的环境中长大的性工作者，她在17岁时生下玛丽，经常对其进行虐待和侮辱，且不止一次试图杀死她，并伪造事故现场。这不禁让人想到，玛丽的残忍与邪恶是基因里自带的，因为她的母亲就有这样的特质。

玛丽的精神鉴定结果中说，她不存在精神上的缺陷，也就是没有精神疾病。但是，她患有反社会型人格障碍。这种人格的形成与先天遗传、后天大脑损伤、成长过程中缺少良好的教导和关爱都有关系。

玛丽的反社会型人格障碍，既受到遗传因素的影响，也受到后天成长环境的影响。实际上，人类之所以会做出攻击行为，也与生物因素和情境因素有关。在此我们先来了解一下攻击的生物学理论，有关情境因素的理论会在后续的内容中做详尽的阐释。

攻击的生物学理论认为，某些特殊染色体、遗传基因、内分泌物等生物学因素与攻击行为存在相关性。

科学家利用大脑扫描技术来监测杀人犯的脑活动，并测量反社会型人格障碍者的大脑灰质总量。结果发现：没有受过虐待的杀人犯的前额叶激活水平比正常人低14%，反社会型人格障碍者的前额叶比正常人小15%。而前额叶的一项重要功能就是对和攻击行为有关的脑区进行紧急抑制。

有一项针对1250万瑞典居民的调查结果显示，兄弟姐妹中有因暴力犯罪被捕的人，其被捕的可能性要比常人高出4倍，而领养的兄弟姐妹间这一概率要低很多。

血液中的化学成分（如酒精）也会对攻击行为产生影响。酒精可以降低人们的自我觉知和预估后果的能力，并促使人们把暴力和酒精联系在一起，增加攻击行为的可能性。

90 为什么排队加塞的人会引起众怒？

眼看胜利在望，加塞的人却把它中止了

1941年，心理学家罗杰·巴克、塔玛拉·登博和库尔特·勒温做了一项实验：

研究者把实验组的孩子带到一间摆满了玩具的屋子，那些玩具很吸引人，只可惜被金属网阻隔了。站在金属网外面的孩子，只能远远地看着那些玩具，可望不可即。在经过了漫长而痛苦的等待之后，他们才被允许玩那些玩具。相比之下，控制组的孩子不需要经过等待就可以直接去玩玩具。

结果显示：实验组的孩子在玩玩具的过程中，比控制组的孩子表现出了更明显的破坏性，他们会把玩具摔在地上、扔到墙上，或是踩在脚下。这个实验通过巧妙的情境设计，证实了挫折会引发攻击行为。

耶鲁大学教授约翰·多拉德认为，挫折总会导致某种形式的攻击，这一"挫折—攻击理论"是最早对攻击进行解释的心理学理论之一。

挫折—攻击理论中所说的"挫折"是广义的，指代任何阻碍人们实现目标的事物。当我们很渴望实现一个目标，预想会得到满意的结果，却在行动过程中遇到了阻碍，就会产生挫折。多拉德等人认为，直接的言语和身体攻击是最常见的攻击形式。

排长队缴费或购物时，忽然有一个人试图加塞，这一行为往往会引起众怒，

特别是排在加塞者后面的人,定会斥责加塞者的行为。毕竟,排了半天的队,眼看胜利在望,目标进程却被加塞者阻止了,谁能乐意呢?

如果诱发挫折的因素在体能方面或社会方面过于强大,抑或是诱发挫折的因素是情境而不是人,致使攻击不能直接指向挫折的原因,攻击的驱力就可能发生转移,指向其他目标。

91 | 所有受挫的人都会报复性攻击吗？

挫折令人愤怒，但愤怒不代表一定会报复

无论是实验研究还是生活实例，都证实了挫折—攻击理论的存在。不过，我们也经常会看到另一种情况：有些人在遭遇挫折之后，并没有采取攻击行为，这该怎么解释呢？

1941年，米勒对多拉德的挫折—攻击理论进行了修正，认为挫折不一定引起攻击，还可能导致攻击之外的其他后果，如退缩；而伦纳德·伯科威茨则认为，多拉德的理论夸大了挫折与攻击之间的关联，也对该理论进行了修正。

伯科威茨认为，挫折产生的是愤怒，即攻击的一种准备状态；只有当环境中同时存在激发攻击行为的线索，即引发攻击行为的刺激物，如挑衅性语言、刀枪等，这种内在的准备状态才会转化为外在的攻击行为。

研究者还发现，即使个体被激怒也不一定会采取报复性攻击，他们需要思考对方是无心之过，还是蓄意挑衅。如果对方的行为是无意的，或是有特殊原因，多数人都不会选择报复；如果对方的挑衅行为可以被合理解释，被激怒者也可能会重新理解对方的行为，减少攻击。

92 | 凭什么给我吃黄瓜，给别的猴子吃葡萄？

不公平的体验，会引发攻击行为

心理学研究者发现，愤怒与人们对公平的需要有关。

佐治亚州立大学的莎拉·布罗斯南博士长期以来都在研究其他灵长类动物对于公平和不公平的奖励分配的行为反应，她猜测公平是通过进化进程发展或发生的，它的基础在其他物种身上同样可以看到。

2003年，莎拉·布罗斯南和弗朗斯·德瓦尔针对猴子展开了对公平的研究，并成为在这一主题上作报告的第一人。

实验者用黄瓜片作为奖励，换取卷尾猴做出某个动作。猴子很喜欢黄瓜，这场交易进行得很顺利。可是，当附近的另一只猴子收到了一颗葡萄作为奖励时，第一只猴子就会生气，因为猴子更喜欢葡萄，此时的黄瓜对它而言成了一种侮辱性的奖励。有些被激怒的猴子会做出攻击行为——把黄瓜扔向实验者。[1]

当我们认为一件事情不公平，打破了某种既定的规则时，往往会感到愤怒，或是引发攻击行为。不过，布罗斯南也表示，人们有时会为了从一段关系中获得长久的利益而放弃一些对自己有利的成果，这是一种考虑未来的能力，也是一种拒绝利益的自我控制力。正因如此，人们才得以建立长期的合作。

---

[1] 安徽心港心理，《心理研究：人类的公平意识促进其进行长期合作》，豆瓣网，2014年9月28日。

93 | 飞机没有头等舱，人们会更快乐吗？

会的，没有对比就没有伤害

一座房子不管怎样小，在周围的房屋都是这样小的时候，它是能满足社会对住房的一切要求的。但是，一旦在这座小房子近旁耸立起一座宫殿，这座小房子就缩成茅舍模样了。这时，狭小的房子证明它的居住者不能讲究或者只能有很低的要求；并且，不管小房子的规模怎样随着文明的进步而扩大，只要近旁的宫殿以同样的或更大的程度扩大起来，那座较小房子的居住者就会在那四壁之内越发觉得不舒适，越发不满意，越发感到压抑。

当人们把自己的处境与某种标准或某种参照物相比，发现自己处于劣势时，就会产生一种相对剥夺感。这种感觉会影响个体或群体的态度和行为，引起愤怒、怨恨、不满或攻击行为。

相对剥夺感的产生需要具备四个条件：

（1）自己不具有某种资源。
（2）与自己相似的他人/群体拥有这种资源。
（3）自己期望拥有这种资源。
（4）自己获得这种资源的期望是合理的。

CHAPTER 8
为何有些人受挫后会伤人？

挫折往往不是简单剥夺的结果,而是相对剥夺。

研究者收集了一家大型国际航空公司的"空中愤怒事件",结果发现:头等舱的存在使经济舱发生的攻击事件增加了4倍。特别是当经济舱的乘客不得不从前部登机并穿过豪华的头等舱时,这种愤怒和不满会更明显。如果飞机上没有头等舱,航空公司为每个人提供同样等级的服务,人们可能会更快乐一点儿,正所谓"没有对比就没有伤害"。

94 为什么农村大学生更容易出现心理问题？

相对剥夺感会带来消极的自我体验

相对剥夺感会给人制造紧张感，让人产生不良的社会适应。

大量实验表明，暴力犯罪通常是由于个体感受到资源被剥夺，故而产生了强烈的挫折和敌意。2000年，美国一项涉及6000多人的调研发现，相对剥夺感会导致个体产生消极的自我体验，从而引发个体的社会越轨行为，如暴力活动、经济犯罪、滥用药物等。

2013年，我国一项涉及5900多名大学生的研究结果显示：相对剥夺感和抑郁、自杀意念呈正相关，大学生的相对剥夺感越强，其抑郁水平越高，产生自杀意念的可能性越大。有些来自农村的大学生到一线大城市上学后，期望和实际能力之间产生了巨大的落差，体验到了相对剥夺感。为了使内心平衡，他们或是通过刻苦学习的方式弥补落差，或是产生激进的失范行为。

在日常生活中，我们要注意觉察自己内心体验到的相对剥夺感，一旦意识到有些愤怒、不满或痛苦的情绪是和他人比较所致，就要及时进行干预和调整。比如，打消不切实际的想法，对现状进行正确评估，选择合适的参照群体，以减轻相对剥夺感带来的负面影响。

95 | 拥挤嘈杂的地方，为何容易发生口角？

令人厌恶的情境会引发攻击

挫折是引发攻击的一个重要因素，但并不是唯一的因素。人是社会性动物，行为会受到情境的影响。有些时候，置身于令人厌恶的情境，也会激起人们敌对性的认知、愤怒情绪和唤醒状态，从而引发攻击行为。

1. 炎热潮湿的环境容易让人烦躁不安

佛罗里达州立大学的心理学家埃伦·科恩和詹姆斯·罗顿，对明尼苏达州明尼阿波利斯市两年内的暴力犯罪情况进行了统计研究。他们根据一天中的不同时间段、一个星期和一个月中温度的不同，对暴力犯罪行为进行分析，结果发现：暴力行为的发生率确实会随着温度的升高而升高，但这种升高是有限度的。

他们在研究中发现：在27℃左右时，犯罪率开始下降。炎热会同时唤起攻击与逃跑两种倾向，当人们对炎热带来的不适感尚可忍受时，攻击性会变强；当这种不适感升级为无法忍受时，就会选择逃跑。[1]

2. 拥挤嘈杂的地方容易发生攻击行为

劳伦斯与安德鲁斯以成年男性监狱同住一室者作为被试，试图探究拥挤与攻击行为的相关性，研究结果显示：感觉拥挤的同住者，更容易将他人的行为理解为具有攻击性。

---

[1] 来源：布兰登·凯姆（Brondon Keim），《天气一热，人就失控》，果壳网，2011年8月5日。

格拉斯与辛格在1973年也做了一个实验，试图探究噪声与攻击行为的相关性。他们让被试分别在嘈杂与安静的环境下完成一项数学任务，结果显示：在嘈杂的环境中，被试在接下来的改错任务中显得更加烦躁，且会犯更多的错误；特别是在声音很大、不可预测以及无法控制的噪声中，这种情况表现得更为明显。

3. 疼痛会提高人类的攻击性

伯科威茨及其同事在威斯康星大学开展了一项实验：让被试大学生把手放进微热或冰冷刺骨的水中，同时安排一人在旁边不断发出讨厌的声音。结果显示：把手放进冰水中的被试，对旁边发出噪声的人表现得更加急躁和厌烦，也更倾向于对此人表示强烈的不满。

96 | 暴力游戏最毁人的地方是什么？

把暴力延伸到游戏之外

提到斯坦福大学的心理学家阿尔伯特·班杜拉，多数人都会想到"波波玩偶实验"：

波波玩偶实验的被试是一群3~6岁的孩子。实验组的孩子观看了一个成年人殴打波波玩偶的场景，控制组的孩子所看到的场景中没有任何攻击波波玩偶的行为。

观看结束后，研究者把孩子们单独带到一个有波波玩偶的房间，结果发现：之前观看过攻击性内容的孩子，对玩偶做出的攻击行为比控制组要多。

之后，班杜拉又对另一群儿童复制了"波波玩偶实验"，只是这一次观看的不是真人殴打波波玩偶的场景，而是一段玩偶受到攻击的动画片。然而，实验结果与之前是一样的。

班杜拉的实验告诉我们，无论是真实生活中的暴力行为，还是荧幕中的暴力行为，都会对观看者的真实行为产生诱导作用。

美国爱荷华州立大学教授克雷格·安德森及其同事发现，玩暴力电子游戏会增加儿童、青少年和成年早期个体的暴力行为。当孩子玩暴力游戏时，他不是在被动地观看，而是在积极地演练暴力行为，在认同暴力人物的身份并进行角色扮演。在参与暴力活动的全过程中，他们会选择攻击对象、购买枪支弹药、靠近目标、进行瞄准射击，最终从有效的攻击中获得奖赏。

心理学家研究证实，暴力电子游戏比暴力影视更容易诱导人们做出攻击行为。那些玩暴力游戏的孩子，容易降低对他人的信任感和合作意识，在学校里容易对同伴表现出攻击性、与老师发生争执，或是发生结伙打架的行为。

作为一名充满社会关怀的心理学家，安德森呼吁家长们要多关注孩子周围的媒体，保证他们接触健康的内容，起码在家里时要做到这一点，为孩子创造良好的成长环境，鼓励他们参与健康的、亲社会的游戏。与此同时，学校也要加强对学生的媒体意识教育。

97 | 生气的时候，拼命打沙袋有用吗？

打完沙袋，你可能会更生气

电影里经常会出现这样的桥段：主人公遇到了糟心的事，不知道该怎么发泄，就跑去打沙袋。他把浑身的劲儿都使出来，拼命地攻击沙袋，直至头上和身上都沁出汗珠。这样的画面，给屏幕之外的观众们营造了一种大汗淋漓的畅快感，同时也让很多人认为，心情不好的时候去打沙袋，就能释放出心里那团充满攻击性的能量。

打沙袋真的能平息怒火吗？事实并非如此。

心理学家通过实验证实，人们越是用攻击性的行为发泄愤怒，越会加重愤怒和攻击冲动。

研究者将愤怒的被试分成三组：A组被试在想起让自己愤怒的人时打沙袋；B组被试在想起中性话题时打沙袋；C组被试什么也不做。结果显示：A组被试在打完沙袋后变得更加愤怒，更想报复他人；C组被试什么都没有做，但其愤怒的程度和攻击性却是最低的。

埃贝·埃伯森及其研究伙伴在真实的生活情境中也印证了这一点。当100位工程师与技术人员在收到解雇通知并为此感到愤怒时，为他们提供表达敌意的机会，如：询问他们"你认为是什么原因使得公司对你做出如此不公正的决定"，再让他们评价对公司和主管的态度。结果发现，他们的敌意变得比之前更加强烈。

到底该怎么处理积压在心里的愤怒呢？

心理学家认为，用非攻击性的方式表达自己的感受，让对方知道他的言行对你造成了什么影响，可以更有效地减少愤怒的情绪。

某人做了一件让你很生气的事，你愤怒地说道："你总是这么自私！"这就属于"攻击性的表达"。人都有自我辩护的本能，对方很可能会被激怒，为自己辩解或是反过来指责你。如此一来，会引发更强烈的争吵，彼此的愤怒情绪都会加剧。

什么是非攻击性的表达呢？面对同样的状况，你可以这样说："我最近工作压力很大，回家还要处理各种琐碎的家务，希望你能早点回来，帮我分担一点儿。"

关于非攻击性表达，有一个简单的通用法则，即不要用第二人称"你"开头来表达自己在当下事件中的感受，用第一人称"我"来表露自己当下的情绪感受。

"你总是……"开头的表述往往是具有攻击性的，接收信息者感受到的是指责和抱怨，很容易被激怒，让彼此陷入相互指责和攻击的恶性循环中。

"我感觉……"开头的表述，不仅可以更好地帮我们分辨自己在事件中的感受，还能让接收信息者把重点放在你的感受上，更容易给予理解、共情和安慰，或是进行自我反省和道歉。

CHAPTER 8
为何有些人受挫后会伤人？

98 面对爱打人的孩子，父母该怎么做？

INTRODUCTION TO PSYCHOLOGY

不要溺爱和纵容，给予轻度的惩罚

社会学习理论的奠基人班杜拉及其助手经研究证实：暴力行为是通过观察和模仿习得的。无论是现实生活中的暴力行为，还是影视游戏中的暴力画面，都会向孩子传递一个重要的信息，即这种形式的暴力是被允许的。如此一来，儿童对攻击行为的抑制能力就被削弱了，当他们日后遇到挫折时，也更有可能表现出攻击行为。

既然攻击行为是习得的，那么能不能通过新的学习过程改变或消除它呢？

班杜拉认为，个体可能会因为获得奖赏或是通过观察习得攻击行为，也可能因为观察到榜样由于攻击而遭受惩罚后抑制攻击行为。

有些虐待孩子的父母在幼年时期也曾遭受过父母的虐待，他们的暴力管教方式就是从父母身上习得的。同样，有些人在成长的过程中，一旦做出不当的行为就会遭到父母的斥责和阻止，这也使得他们会克制自己不做出攻击行为。

从行为强化和社会学习的角度来看，惩罚的确可以有效地减少攻击行为，但是千万不要忽略一点：惩罚本身也是一种伤害和攻击行为，且有效性是有限的。太多的现实案例告诉我们，轻度的惩罚（让孩子停止不当行为即可）能够控制和减少攻击行为，过于严厉的惩罚会适得其反，甚至成为错误的榜样，让孩子效仿以攻击的方式去处理问题、释放情绪。